照明线路安装与检修技术

主　编　张　粤

副主编　谭　明　周　旭　祝竟梅　李才惠

参　编　冯　茂　周　杨　张　雪　郑在富
　　　　赖露婷

西南交通大学出版社

·成　都·

内容简介

本书是“十二五”职业教育国家规划教材，依据教育部《中等职业学校电气技术应用专业教学标准》，并参照有关行业的职业技能鉴定规范编写。

本书主要内容包括电工基础知识与技能，配电装置的安装，书房、办公室、教室、实训室、家居套房、装饰装修照明线路等的安装维护。

本书理论与实践结合，可作为高、中级职业院校及技师学院等同类专业的“一体化”教学用书，也可作为相关行业培训教材和自学参考书。

图书在版编目（CIP）数据

照明线路安装与检修技术 / 张粤主编. —成都：西南交通大学出版社，2020.1
（电气自动化设备安装与维修省示范专业系列丛书）
ISBN 978-7-5643-7314-6

Ⅰ. ①照… Ⅱ. ①张… Ⅲ. ①电气照明 – 设备安装 – 职业教育 – 教材②电气照明 – 设备检修 – 职业教育 – 教材
Ⅳ. ①TM923

中国版本图书馆 CIP 数据核字（2020）第 004496 号

电气自动化设备安装与维修省示范专业系列丛书
Zhaoming Xianlu Anzhuang yu Jianxiu Jishu
照明线路安装与检修技术

主　编 / 张　粤
责任编辑 / 张文越
封面设计 / 墨创文化

西南交通大学出版社出版发行
（四川省成都市金牛区二环路北一段 111 号西南交通大学创新大厦 21 楼　610031）
发行部电话：028-87600564　028-87600533
网址：http://www.xnjdcbs.com
印刷：成都中永印务有限责任公司

成品尺寸　185 mm × 260 mm
印张　12.5　字数　311 千
版次　2020 年 1 月第 1 版　印次　2020 年 1 月第 1 次

书号　ISBN 978-7-5643-7314-6
定价　37.00 元

课件咨询电话：028-81435775

前　言

书是传承知识的重要载体，一本好的书可以使教学达到“事半功倍”的效果。为进一步加强职业教育教材建设，2012年，教育部制定了《关于“十二五”职业教育教材建设的若干意见》（教职成〔2012〕9号），并启动了“十二五”职业教育国家规划教材的选题立项工作。为了更好地开展一体化教学，教材编写应高度重视“实践和理论环节的有机结合，突出‘做中学、学中教’的职业教育教学特色”。本书结合人力资源和社会保障部一体化教学改革思路，并参照《电气装置安装工程 低压电器施工及验收规范》（GB 50254—2014）勘察施工现场，对施工条件和环境的安全性做出正确的评估，制订线路施工方案。

本书在内容组织、结构编排等方面都较传统教材做了重大改革，通过以学生为主体、能力递进为本位，学习活动的开展，使学生达到最好的学习效果。在学习活动中，紧密围绕完成工作任务的需要来选择和组织，突出工作任务与知识的联系，让学生在学习活动的基础上掌握知识，提高“职业能力和职业素养”。为了便于查阅，本书在编写时对相关知识部分进行了提炼，并以“模块”的形式进行归类。因为时间仓促，篇幅有限，所以本书不可能对所有相关知识面面俱到，还有很多未编入的知识点和技能、技巧则需要通过查阅其他相关文献资料及互联网资源等获取。由于“照明线路安装与检修”是一门理论性和实践性都非常强的课程，因此，要真正学好这门课程，最重要的途径还是要回到生产实践中去。《照明线路安装与检修技术》这本书，则是按照一体化教学要求而编写的。本书作为“一体化”教材，很好地实现了“理论”与“实践”的有机结合。

总体来看，本书在编写结构及内容上重点突出了以下五个特点：

（1）改革教材结构，便于实施一体化教学。本书是为实现“照明线路安装与检修”一体化教学而开发的教材，适合“照明线路安装与检修”一体化教学。本书在编排上突出一体化教学特点：以学生为主体，以项目为核心，以工作任务为主线，以学习活动为导向来实现项目，并通过项目的完成达到教学目标。

（2）改革评价标准。为全面反映每个学生的“素质”情况，书中对学生成绩的评价不是传统教学的成绩评价模式，而是以7S标准实施管理，通过《照明线路安装与检修》项目的完成，实现对学生“职业能力、职业素养”为目标的评价系统，从而满足现代企业的用人要求。为实现这个目标，书中提出了“成绩评价方案”以供参考。

（3）实践与理论有机结合。为了更好地将实践与理论相结合，书中将【思考与练习】插入到各个工作任务之中，将理论和实践融入学习活动之中，以避免教学中出现“重操作、轻理论”的尴尬情况。

（4）**引入了“7S”管理制度。**将“7S”管理活动贯彻于教材之中，使本课程的“一体化”教学管理与现代企业管理实现无缝连接，从而培养出具有高“素质”的技术人才，以适应现代企业管理和发展要求。

（5）**知识涵盖量大，归类清晰，查寻方便。**书中除了包含“工作任务、学习活动”外，还增加了“知识链接”部分，并在“知识链接”中根据相关知识提炼了13个“模块”，以便于学生在学习过程中方便查阅从而提高学习效率。

本书由四川矿产机电技师学院的张粤担任主编，谭明、周旭、祝竟梅、李才惠担任副主编，参加编写的还有四川矿产机电技师学院的冯茂、周杨、张雪、郑在富、赖露婷等老师。

本书在编写过程中，参考了许多文献资料，在此谨向这些作者表示诚挚的谢意！

由于时间紧迫以及编者水平有限，书中难免有不足之处，恳请同行及读者提出宝贵意见，在此表示感谢。

在教学过程中，教师可根据实际情况适当调整教学内容。教学建议如表1所示，仅供参考：

表1　教学建议

项　目	任　　务	配线方式	课时分配	难易程度
照明线路安装与检修	工作任务一　电工技能与安全用电	—	36	★★⯨☆☆
	工作任务二　配电装置的安装与检修	—	22	★★⯨☆☆
	工作任务三　书房照明线路的安装与检修	护套线配线	36	★★⯨☆☆
	工作任务四　办公室照明线路的安装与检修	槽板配线	30	★★⯨☆☆
	工作任务五　双控灯照明线路的安装与检修	护套线配线	36	★★⯨☆☆
	工作任务六　教室照明线路的安装与检修	槽板配线	32	★★★☆☆
	工作任务七　实训室照明线路的安装与检修	线管配线	36	★★★★☆
	工作任务八　室外照明线路的安装与检修	线管配线	20	★★⯨☆☆
	工作任务九　家居套房照明线路的安装与检修	线管配线	36	★★★★☆
	工作任务十　装饰照明线路的安装与检修	线管配线	36	★★★★⯨
总课时数		320		

张　粤

2019年9月

目 录

认识“7S”管理规定

工作任务

成绩评价方案

知识链接

认识“7S”管理规定

一、“7S”管理规定在企业基础管理中的重要性

“7S”管理活动是当今企业公认的能结合实际、行之有效的基础性管理方式。这种方式取得的成效对企业发展远景规划、升级企业管理、优化产品、获取最大化的长效利益将起到积极的推动作用。而现今，在这个市场经济发展突飞猛进、竞争更加激烈的特殊时期，“向管理要效益”已不再是纸上谈兵的空话，充分提升管理效应已经成为企业持续获取最大利益的法宝；加强企业基础管理工作，为企业的发展夯实基础；进行管理变革，逐步形成长效、健康的基础性管理模式或基础效应，凭借这种效应形成的高素质团队精神，并以安全舒适优美的作业环境为动力，提升管理核心，打造自身优势，以高效率的生产运行，低投入的生产成本，零缺陷的产品，持续健康、不断改善的作业模式，使企业从管理中真正取得可持续性发展的空间和经济效益，展现出“7S”管理为企业健康持续发展的重要性。

“7S”管理活动进一步强调了加强和培训企业员工素养的必要性。企业员工的素养是整个“7S”管理活动的核心和精髓，加强和培养员工素养是做好企业基础性工作的根本。提升员工素养要从日常管理工作中的点点滴滴做起，要体现在整个过程的细节上，形成一种素养文化，使基础管理工作的根基稳固，使活动开展有保障，能收到实效。“7S”管理活动更加生动深刻地阐述了强化员工安全理念和安全责任的重要意义。加强员工对安全理念的更深层次的理解和认识，形成企业自身安全文化，创造舒适、和谐的安全生产环境和作业条件，是企业基础管理的重要内容，也是“7S”管理活动的重点。忽视安全就是轻视生命，是对生产不负责任，对企业发展不负责任，并且对个人、家庭也没有责任心。强化安全责任意识，提高安全认识，有效防范和治理管理中的安全隐患，形成良好的安全文化，是基础管理工作的又一重要内容。

二、“7S”管理内容

1. 整理（Seiri）

整理即把要与不要的人、事、物分开，再将不需要的人、事、物加以处理，这是开始改善生产现场环境的第一步。其要点是：首先，对生产现场的现实摆放和停滞的各种物品进行分类，区分什么是现场需要的，什么是现场不需要的；其次，对于现场不需要的物品，诸如用剩的材料、多余的半成品、切下的料头、切屑、垃圾、废品、多余的工具、报废的设备、工人的个人生活用品等，要坚决清理出生产现场，这项工作的重点在于坚决把现场不需要的东西清理掉。对车间里各个工位或设备的前后、通道左右、厂房上下、工具箱内外以及车间的各个死角，都要彻底搜寻和清理，达到现场无不用之物。坚决做好这一步，是树立好作风的开始。甚至有的公司提出口号：效率和安全始于整理！

整理活动的目的是：增加作业面积、使物流畅通、防止误用等。

2. 整顿（Seiton）

整顿即把需要的人、事、物加以定量、定位。通过前一步整理，这一步再对生产现场需要留下的物品进行科学合理的布置和摆放，以便用最快的速度取得所需之物，在最有效的规章、制度和最简捷的流程下完成作业。

整顿活动的目的是：使工作场所整洁明了、一目了然，减少取放物品的时间，提高工作效率，保持井井有条的工作秩序区。

3. 清扫（Seiso）

清扫即把工作场所打扫干净，设备异常时马上修理，使之恢复正常。生产现场在生产过程中会产生灰尘、油污、铁屑、垃圾等，从而使现场变脏。脏的现场会使设备精度降低，故障多发，影响产品质量，使安全事故防不胜防；脏的现场更会影响人们的工作情绪，使人不愿久留。因此，必须通过清扫活动来清除那些脏物，创建一个明快、舒畅的工作环境。

清扫活动的目的是：使员工保持一个良好的工作情绪，并保证稳定产品的品质，最终达到企业生产零故障和零损耗的目标。

4. 清洁（Seiketsu）

整理、整顿、清扫之后要认真维护，使现场保持完美和最佳状态。清洁，是对前三项活动的坚持与深入，从而消除发生安全事故的根源，创造一个良好的工作环境，使职工能愉快地工作。

清洁活动的目的是：使整理、整顿和清扫工作成为一种惯例和制度，是标准化的基础，也是一个企业形成企业文化的开始。

5. 素养（Shitsuke）

素养即教养，努力提高人员的素养，养成严格遵守规章制度的习惯和作风，这是“7S”活动的核心。没有人员素质的提高，各项活动就不能顺利开展，开展了也坚持不了。所以，抓“7S”活动，要始终着眼于提高人的素质。

提高素养的目的：通过提高素养让员工成为一个遵守规章制度，并具有一个良好工作素养习惯的人。

6. 安全（Safety）

使现场安全即清除隐患，排除险情，预防事故的发生。

保证现场安全的目的是：保障员工的人身安全，保证生产连续安全正常地进行，同时减少因安全事故而带来的经济损失。

7. 节约（Saving）

节约就是对时间、空间、能源等方面的合理利用，以发挥它们的最大效能，从而创造一个高效率的、物尽其用的工作场所。

节约的目的是：对整理工作的补充和指导。

我国由于资源相对不足，更应该在企业中秉持勤俭节约的原则。

工作任务

照明线路是当今生活与工作中必不可少的也是应用最频繁的线路，在此我们将以《电气装置安装工程 低压电器施工及验收规范》（GB 50254—2014）标准勘察施工现场，对施工条件和环境的安全性做出正确的评估，制订线路施工方案。

照明线路主要由电度表、断路器、开关、插座、导线、灯具等部分组成。在电气安装与维修技术中，照明线路的安装与检修占据着十分重要的地位。然而考虑到电工作业的特殊性，从事照明线路安装与检修的人员不仅要掌握有关电气照明的基本知识和技能，还必须取得国家规定的电工特种作业操作证后方准从事电工作业。

工作任务一　电工技能与安全用电

【任务目标】

（1）能正确认识和使用电工常用工具，明确工作任务。
（2）能正确认识照明中常用的电器元件名称、结构和功能。
（3）能正确选取常用电工工具及仪表。
（4）能正确使用仪表检测电器元件的技术数据，判断电器元件的好坏。
（5）能正确认识导线，掌握导线的连接与绝缘。
（6）能正确标注电器元件符号。

【任务难度】

★★⯪☆☆

【建议课时】

36 课时。

【工作流程与活动】

（1）明确工作任务。
（2）施工前的准备。
（3）现场施工。
（4）总结与评价。

学习活动一　明确工作任务

【任务目标】

（1）填写任务申报单（表 1-1），明确工作任务。
（2）能描述此任务的重要意义。

【学习课时】

2 课时。

【任务准备】

填写任务单（表 1-1），明确工作任务。

表 1-1　任务申报单

类别：水☐　电☐　暖☐　土建☐　其他☐		日期：　　　年　　月　　日
操作地点		编组：　　　姓名：
申请任务		
操作时间		
完成时间		
任务验收		
联系电话		

学习活动二　施工前的准备

【任务目标】

（1）认识本任务所用电器元件与耗料。
（2）能准确识读电器元件并查询当前市场单价。

【学习课时】

8 课时。

【任务准备】

一、认识常用电器元件

查阅相关资料，填写表 1-2 所列的电器元件名称、符号、功能及单价。

表 1-2　常用电工工具及电器元件

实物图片	名称	规格、型号	功能	单价

二、制定材料清单

根据任务要求，结合现场实际情况，制定材料清单（表 1-3）。

表 1-3　工具及材料清单

序号	工具或材料名称	型号、规格	数量	单位	单价	金额

【思考与练习 1】

问答题

（1）发生触电事故的主要因素有哪些？

（2）触电后的现场急救方法和步骤是什么？

在图 1-1 中各电工工具及安全用品所对应的下方写出其名称。

图 1-1　电工工具及安全用品

学习活动三　现场施工

【任务目标】

（1）掌握单股绝缘导线的直线形连接、T 形连接。

（2）掌握多股绝缘导线的直线形连接、T 形连接。

（3）掌握导线连接后绝缘层的恢复。

（4）掌握触电后的急救方法。

【学习课时】

20 课时。

【现场施工】

一、导线的连接

（1）单股绝缘导线的直线连接。
（2）单股绝缘导线的 T 形连接。
（3）多股绝缘导线的直线连接。
（4）多股绝缘导线的 T 形连接。

二、绝缘层的恢复

（1）绝缘导线直线连接的绝缘层恢复。
（2）绝缘导线 T 形连接的绝缘层恢复。

三、以“假人”为道具，进行人工心脏按压和人工呼吸的操作

【思考与练习 2】

问答题

（1）请叙述什么叫安全用电。

（2）触电形式是怎样划分的？请简要阐述。

（3）使触电者脱离低压电源的方法是什么？

学习活动四　总结与评价

【任务目标】

（1）能以小组形式，对任务和实训成果进行汇报总结。
（2）完成对任务的综合评价。

【学习课时】

6 课时。

【任务总结】

一、工作总结

以小组为单位，选择演示文稿、展板、海报、录像等形式中的一种或几种，向全班展示、汇报学习成果。

二、综合评价（表 1-4）

表 1-4　综合评价

任务分组		第　　组	教学周		
工作任务		电工技能与安全用电			
实施时间		年　月　日～　年　月　日			
评价项目	评价内容	评价标准（配分）	自我评价	小组评价	教师评价
职业素养（40分）	学习态度	1. 无旷课（+6分），无迟到（+2分），无早退（+2分）。 2. 积极参与学习活动。（+5分）			
	团队合作意识	1. 沟通能力强、与同学协作融洽、团队意识强。（+5分） 2. 尊重师长与其他组员，能够很好地交流与合作。（+5分） 3. 积极参与各项活动、小组讨论、安装等过程。（+5分）			
	安全责任意识	1. 能遵章守纪，严格要求自己，出色完成工作任务。（+5分） 2. 操作规范，能及时主动地纠正其他同学不正确的操作。（+5分）			
	得分				
	平均得分				
评价项目	评价内容	评价标准（配分）	自我评价	小组评价	教师评价
职业能力（60分）	学习活动	1. 按时、完整地完成工作任务。（+15分） 2. 直线连接符合规范要求。（+15分） 3. T形连接符合规范要求。（+15分） 4. 绝缘层恢复满足要求。（+15分）			
	得分				
	平均得分				
综合评价	综合得分				
班级			组号		
姓名			评价等级		
教师			评价日期		

工作任务二　配电装置的安装与检修

【任务目标】

（1）能根据现场勘察情况，明确工作任务。
（2）能正确识读进户配电盘和配电箱电气原理图、接线图，明确各电气器件的功能。
（3）能按图纸、工艺要求、安全规范等正确安装元器件、完成接线。
（4）能正确使用仪表检测电路安装的正确性，按照安全操作规程完成通电验收。
（5）能正确标注有关控制功能的铭牌标签，施工后能按照管理规定清理施工现场。

【任务难度】

★★⯪☆☆

【建议课时】

22 课时。

【工作情境描述】

有一住宅，现在需要为其设置一配电盘或配电箱，某班接受此任务，要求在规定期限完成安装、调试，并交有关人员验收。

【工作流程与活动】

（1）明确工作任务。
（2）施工前的准备。
（3）现场施工。
（4）总结与评价。

学习活动一　明确工作任务

【任务目标】

（1）组长填写任务单。
（2）组员能正确识读任务单，明确工作任务。
（3）能准确描述电流在配电箱中的流动过程。

【学习课时】

4课时。

【任务准备】

一、填写工作派遣单（表2-1），明确工作任务

表2-1 任 务 单

类别：水□ 电□ 暖□ 土建□ 其他□		日期： 年 月 日	
操作地点		编组：	姓名：
任务安排			
操作时间			
完成时间			
任务验收			
联系电话			

【思考与练习1】

填空题

（1）接地分为__________接地、__________接地、__________防过电压接地和__________接地等多种。

（2）接地装置的技术要求主要是指__________的大小。

（3）保护接地的接地电阻应不大于__________Ω。

（4）配电变压器低压侧中性点接地电阻应小于__________Ω。

二、认识电工仪表

查阅相关资料，填写表2-2，掌握电工仪表及电器元件基本功能。

表2-2 电工仪表及电器元件

实物图片	名称	基本符号	功能	主要用途

续表

实物图片	名称	基本符号	功能	主要用途

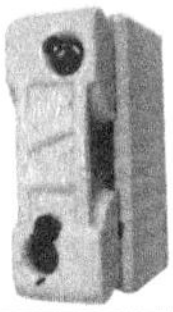				

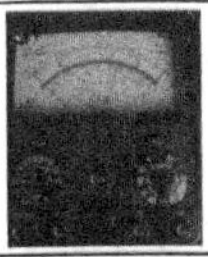				

学习活动二　施工前的准备

【任务目标】

（1）认读配电盘、配电箱的电气原理图。
（2）理解安装配电盘、配电箱导线的选择。
（3）能根据控制要求正确选择电器元件。
（4）能正确分布各电器元件在配电盘、配电箱的位置。

【学习课时】

8 课时。

【任务准备】

一、识读电气原理图

（1）图 2-1，2-2 所示，为进户配电盘实物图。

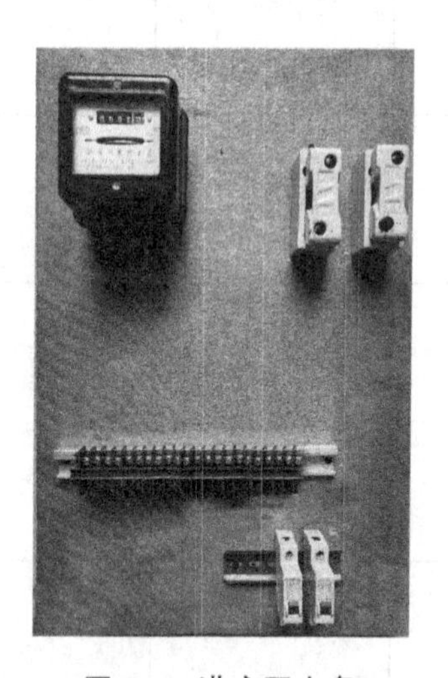

图 2-1　进户配电盘

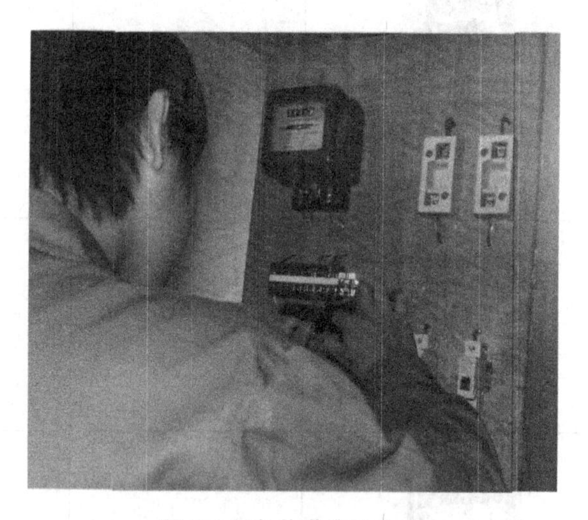

图 2-2　安装进户配电盘

（2）根据图 2-3 所示，分析进户配电盘电气原理图。
（3）进户配电盘安装接线图，如图 2-4 所示。
（4）根据图 2-5 ~ 图 2-6 能正确分析进户配电箱电气原理图。
（5）进户配电箱电气原理图，如图 2-6 所示。
（6）根据图 2-7 所示，理解进户配电箱安装接线图。

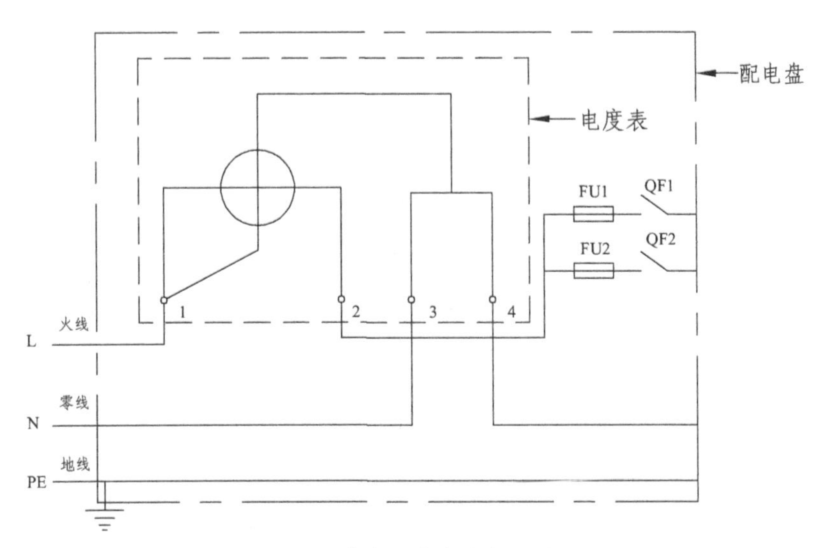

图 2-3　进户配电盘电气原理图

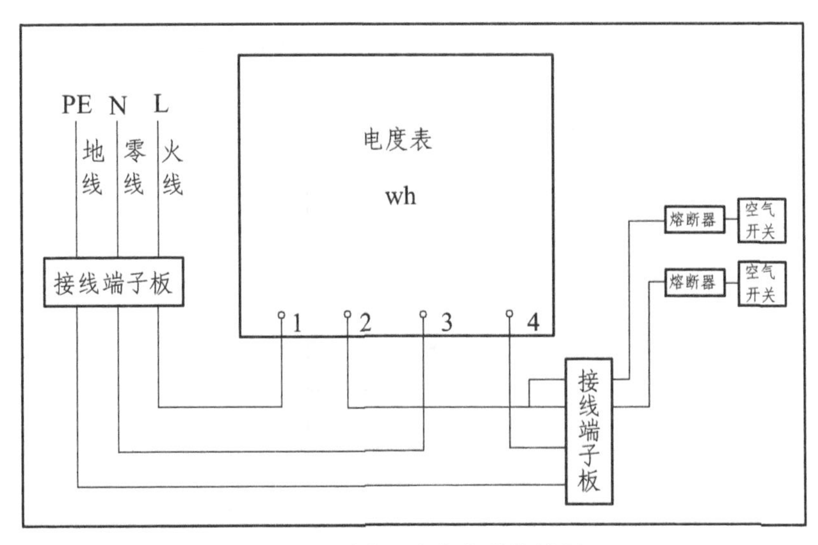

图 2-4　进户配电盘安装接线图

图 2-5　进户配电箱

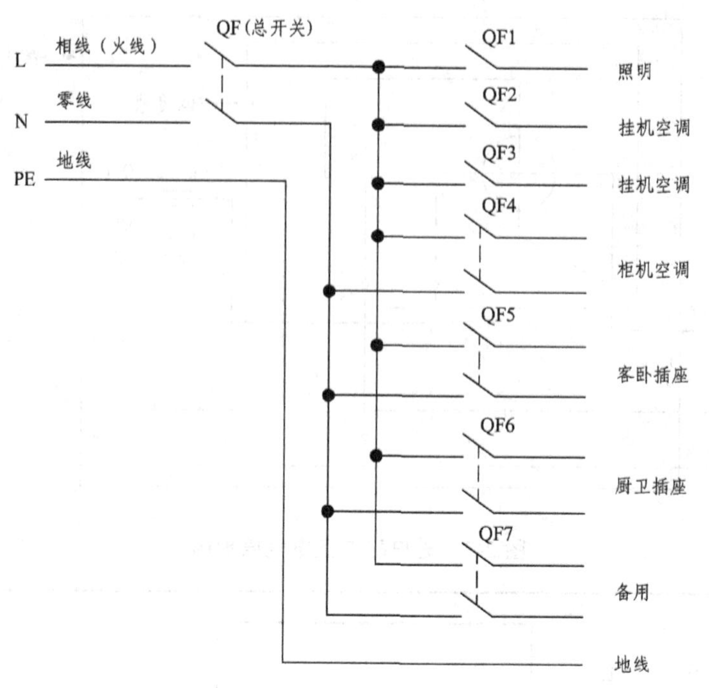

图 2-6　进户配电箱电气原理图

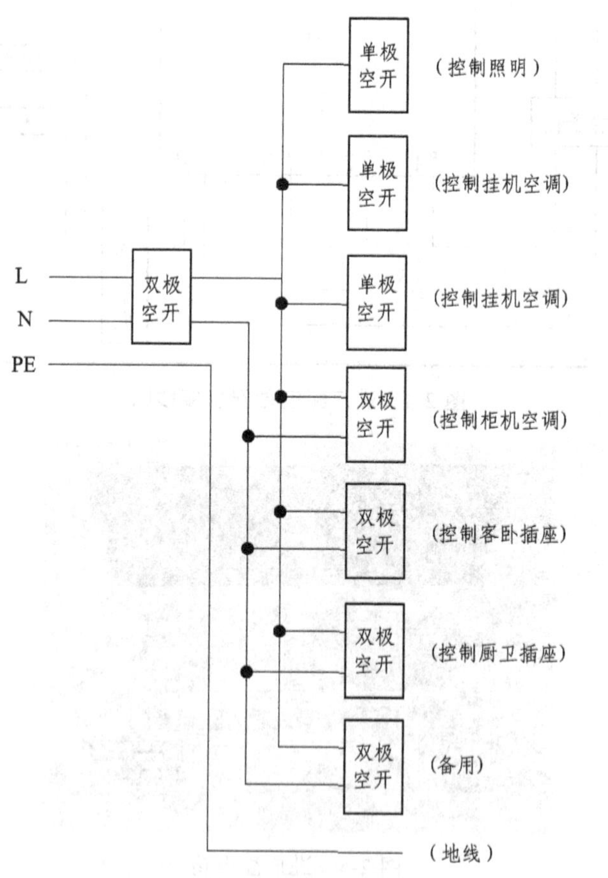

图 2-7　进户配电箱安装接线图

【思考与练习 2】

（一）问答题：

（1）请叙述低压断路器的功能和用途。其与胶盖瓷底闸刀开关有什么不同？

（2）在生产和生活中，采用什么登记表来检测某电器所消耗的电能？计量单位是什么？是怎样定义的？

（3）某高层电梯住宅楼，一套三室二厅二卫的住房，试确定进户配电箱中所配低压断路器规格型号。

（二）计算题：

（1）一台 7.5 千瓦的三相交流异步电动机，每天工作 10 小时，一个月（按 30 天计）用电是多少？

（2）某一住户，家中的所有电器加起来共计约 4.5 千瓦，每天平均用电的功率数约为 2.5 千瓦，每千瓦时的电费为 0.65 元，共计工作 2 小时，一个月（按 31 天计）所交电费是多少？

二、制定工作计划

（1）查阅本次工作任务相关资料，熟悉任务实施的基本步骤，根据任务要求，制定小组工作计划（表 2-3）。

表 2-3　任务计划表

“配电盘的安装和维修”工作计划

一、人员分工

1．小组负责人：________________

2．小组成员及分工

姓名	分　工

二、工具及材料清单

序号	工具或材料名称	规格	数量	单位	单价	金额

续表

三、工序及工期安排

序号		工作内容	完成时间		备注

四、安全措施

（2）查阅本次工作任务相关资料，熟悉任务实施的基本步骤，根据任务要求，制定小组工作计划（表 2-4）。

表 2-4　工作计划表

“配电箱的安装和维修”工作计划

一、人员分工

1．小组负责人：____________________

2．小组成员及分工

姓名	分　工

续表

二、工具及材料清单

序号	工具或材料名称	规格	数量	单位	单价	金额

三、工序及工期安排

序号		工作内容	完成时间		备注

四、安全措施

学习活动三　现场施工

【任务目标】

（1）能正确装配进户配电箱电气线路。
（2）能正确使用万用表进行线路检测，完成通电交付验收任务。
（3）能正确标注有关控制功能的铭牌标签，施工后能按照管理规定清理施工现场。

【学习课时】

6课时。

【现场施工】

分别安装两种进户配电装置：
（1）根据图2-3、图2-4所示，实施配电盘电气线路的安装和维修。
（2）根据图2-6、图2-7所示，实施配电箱电气线路的安装和维修。

【思考与练习3】

（一）填空题
（1）低压断路器按结构形式分为____________、_______________、小型模数式。
（2）按主电路极数分为________、__________、__________、四极。
（二）问答题
1.立照明线路进户端电度表的接线方式有哪些？画图说明

2. 配电盘与配电箱有什么异同？

学习活动四　总结与评价

【任务目标】

（1）能以小组形式，对任务和实训成果进行汇报总结。
（2）完成对任务的综合评价。

【学习课时】

4 课时。

【任务总结】

一、工作总结

以小组为单位，选择演示文稿、展板、海报、录像等形式中的一种或几种，向全班展示、汇报学习成果。

二、综合评价（表 2-5）

表 2-5　综合评价

<table>
<tr><td colspan="2">任务分组</td><td>第　　组</td><td colspan="2">教学周</td><td></td></tr>
<tr><td colspan="2">工作任务</td><td colspan="4">配电装置的安装与检修</td></tr>
<tr><td colspan="2">实施时间</td><td colspan="4">年　　月　　日～　　年　　月　　日</td></tr>
<tr><td>评价项目</td><td>评价内容</td><td>评价标准（配分）</td><td>自我评价</td><td>小组评价</td><td>教师评价</td></tr>
<tr><td rowspan="5">职业素养（40分）</td><td>学习态度</td><td>1．无旷课（+6分），无迟到（+2分），无早退（+2分）。
2．积极参与学习活动。（+5分）</td><td></td><td></td><td></td></tr>
<tr><td>团队合作意识</td><td>1．沟通能力强、与同学协作融洽、团队意识强。（+5分）
2．尊重师长与其他组员，能够很好地交流与合作。（+5分）
3．积极参与各项活动、小组讨论、安装等过程。（+5分）</td><td></td><td></td><td></td></tr>
<tr><td>安全责任意识</td><td>1．能遵章守纪，严格要求自己，出色完成工作任务。（+5分）
2．操作规范，能及时主动地纠正其他同学不正确的操作。（+5分）</td><td></td><td></td><td></td></tr>
<tr><td colspan="2">得　分</td><td></td><td></td><td></td></tr>
<tr><td colspan="2">平均得分</td><td colspan="3"></td></tr>
<tr><td>评价项目</td><td>评价内容</td><td>评价标准（配分）</td><td>自我评价</td><td>小组评价</td><td>教师评价</td></tr>
<tr><td rowspan="3">职业能力（60分）</td><td>学习活动</td><td>1．按时、完整地完成工作任务。（+10分）
2．能正确回答问题，绘图规范标准。（+10分）
3．能正确分析电气原理图。（+10分）
4．能正确安装和调试电气线路。（+30分）</td><td></td><td></td><td></td></tr>
<tr><td colspan="2">得　分</td><td></td><td></td><td></td></tr>
<tr><td colspan="2">平均得分</td><td colspan="3"></td></tr>
<tr><td>综合评价</td><td colspan="2">综合得分</td><td colspan="3"></td></tr>
<tr><td colspan="2">班　级</td><td></td><td>组　号</td><td colspan="2"></td></tr>
<tr><td colspan="2">姓　名</td><td></td><td>评价等级</td><td colspan="2"></td></tr>
<tr><td colspan="2">教　师</td><td></td><td>评价日期</td><td colspan="2"></td></tr>
</table>

工作任务三　书房照明线路的安装与检修

【任务目标】

（1）能阅读“书房照明线路的安装与检修”工作任务单，明确工时、工艺要求，明确个人任务要求。

（2）能识别导线、开关、灯等电工材料，识读和绘制电气原理图、电气安装接线图、电气施工平面图。

（3）根据施工图纸，勘察施工现场，制定工作计划。

（4）正确使用电工常用工具，并根据任务要求和施工图纸，列举所需工具和材料清单，准备工具，领取材料。

（5）能按照作业规程应用必要的标志和隔离措施，准备现场工作环境。

（6）能按图纸、工艺要求、安装规程要求，进行护套线布线施工。

（7）施工后，能按施工任务书的要求进行直观检查。

（8）按电工作业规程，作业完毕后能清点工具、人员，收集剩余材料，清理工程垃圾，拆除防护措施。

（9）能正确填写任务单的验收项目，并交付验收。

（10）工作总结与评价。

【任务难度】

★★☆☆☆

【建议课时】

36课时。

【工作情境描述】

某小区的一住户进行书房照明线路的安装，要求电工前往该小区作业，并按客户要求完成任务。

【工作流程与活动】

（1）明确工作任务。
（2）施工前的准备。
（3）现场施工。
（4）总结与评价。

学习活动一　明确工作任务

【任务目标】

（1）组长填写任务单。
（2）组员阅读任务单，明确工作任务。
（3）能准确描述常用电器元件结构及功能。
（4）回答教材中提出的相关问题。

【学习课时】

4课时。

【任务准备】

阅读任务单（表3-1），明确工作任务。

表3-1　任　务　单

类别：水□　电□　暖□　土建□　其他□		日期：　　年　　月　　日			
安装地点		编组		姓名	
安装任务					
需求原因					
申报时间		完工时间			
申报单位					
申报人		申报人电话			
物业负责人		物业负责人电话			
安装单位					
安装单位负责人		安装单位电话			
验收意见		验收人			

【思考与练习1】

问答题：

1. 电气照明装置施工中对照明灯、开关的安装位置、安装高度等方面都有严格的规定，查阅相关资料，写出相关的规范要求。

2. 螺旋式灯泡接线时应特别注意区分零线，火线必须接在螺旋式灯泡的顶端触点上，这是为什么？

学习活动二　施工前的准备

【任务目标】

（1）正确识别导线、开关、灯等电工材料。
（2）正确作用电工常用工具。
（3）画出电气原理图、电气安装接线图和电气施工平面图。
（4）学生根据现场画出施工图。
（5）根据现场勘察结果和施工图纸，列举所需工具和材料清单。
（6）根据勘察施工现场的结果，制定工作计划。
（7）回答教材中提出的相关问题。

【学习课时】

14 课时。

【任务准备】

一、识读电气原理图

根据图 3-1 ~ 图 3-3 能正确分析书房照明电气原理图。

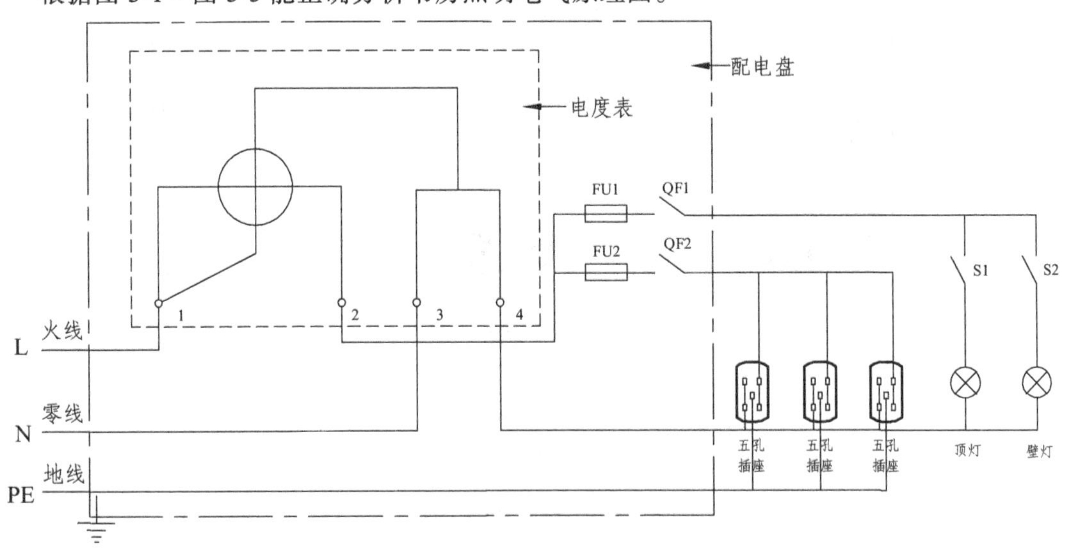

图 3-1　书房电气原理图

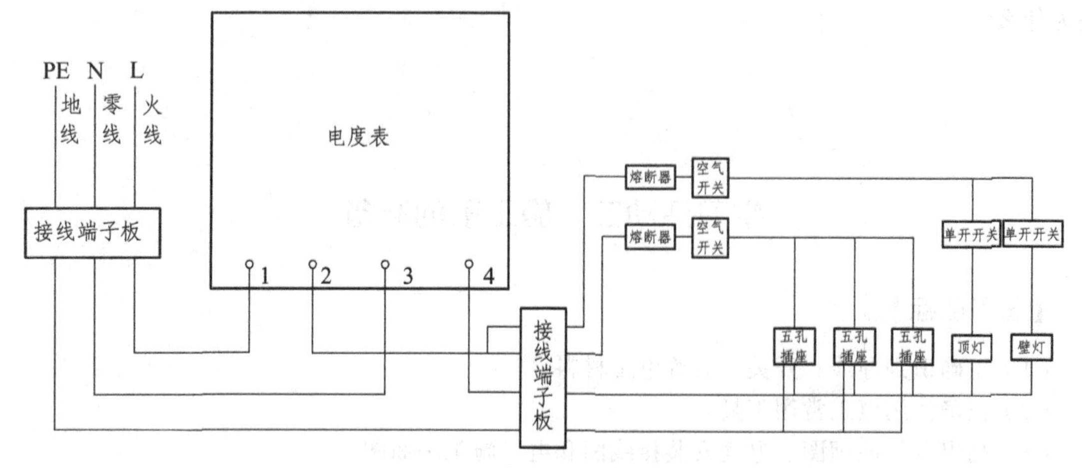

图 3-2 书房电气安装接线图

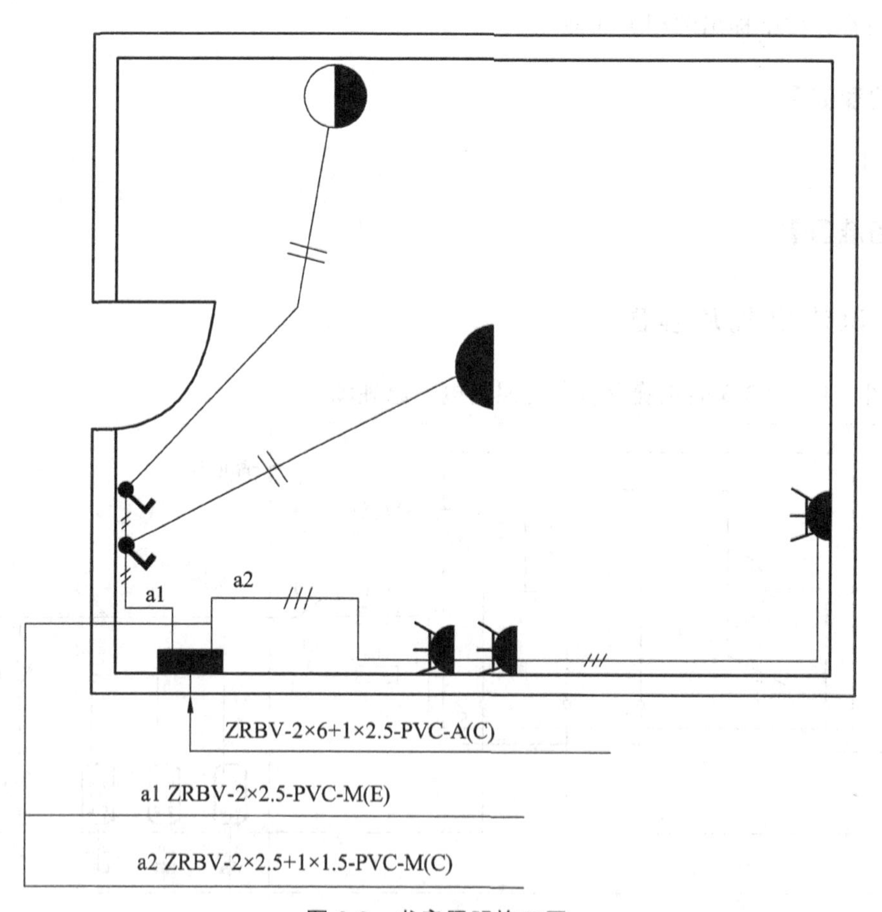

图 3-3 书房照明施工图

二、制定工作计划

查阅本次工作任务相关资料，熟悉任务实施的基本步骤，根据任务要求，制定小组工作计划（表 3-2）。

表 3-2　工作计划表

“书房照明线路的安装与检修”工作计划

一、人员分工

1．小组负责人：________________

2．小组成员及分工

姓名	分　工

二、工具及材料清单

序号	工具或材料名称	规格	数量	单位	单价	金额

续表

序号	工具或材料名称	规格	数量	单位	单价	金额

三、工序及工期安排

序号		工作内容	完成时间		备注

四、安全措施

学习活动三　现场施工

【任务目标】

（1）按照作业规程应用必要的标志和隔离措施，准备现场工作环境。

（2）按图纸、工艺要求、安装规程要求进行护套线布线施工。

（3）施工后，按要求对线路进行检查与调试。

（4）作业完毕后按电工作业规程清点整理工具、收集剩余材料，清理工程垃圾，拆除防护措施。

【学习课时】

12 课时。

【思考与练习】

问答题

用护套线敷设时，在室内和室外导线规格的要求是怎样规定的？

【现场施工】

根据图 3-1、图 3-2、图 3-3 实施书房照明电气线路的安装作业。

学习活动四　总结与评价

【任务目标】

（1）能以小组形式，对任务和实训成果进行汇报总结。

（2）完成对任务的综合评价。

【学习课时】

6课时。

【任务总结】

一、工作总结

以小组为单位，选择演示文稿、展板、海报、录像等形式中的一种或几种，向全班展示、汇报学习成果。

二、综合评价（表3-3）

表3-3 综合评价

任务分组		第　　组	教学周		
工作任务					
实施时间		年　月　日～　年　月　日			
评价项目	评价内容	评价标准（配分）	自我评价	小组评价	教师评价
职业素养（40分）	学习态度	1. 无旷课（+6分），无迟到（+2分），无早退（+2分）。 2. 积极参与学习活动。（+5分）			
	团队合作意识	1. 沟通能力强、与同学协作融洽、团队意识强。（+5分） 2. 尊重师长与其他组员，能够很好地交流与合作。（+5分） 3. 积极参与各项活动、小组讨论、安装等过程。（+5分）			
	安全责任意识	1. 能遵章守纪，严格要求自己，出色完成工作任务。（+5分） 2. 操作规范，能及时主动地纠正其他同学不正确的操作。（+5分）			
	得分				
	平均得分				
评价项目	评价内容	评价标准（配分）	自我评价	小组评价	教师评价
职业能力（60分）	学习活动	1. 按时、完整地完成工作任务。（+10分） 2. 能正确回答问题，绘图规范标准。（+10分） 3. 能正确分析电气原理图。（+10分） 4. 能正确安装和调试电气线路。（+30分）			
	得分				
	平均得分				
综合评价	综合得分				
班级			组号		
姓名			评价等级		
教师			评价日期		

工作任务四　办公室照明线路的安装与检修

【任务目标】

（1）能阅读“办公室照明线路的安装与检修”工作任务单，明确工时、工艺要求，明确个人任务要求。

（2）能识别导线、开关、灯等电工材料，识读和绘制电气原理图、电气安装接线图、电气施工平面图。

（3）根据施工图纸，勘察施工现场，制定工作计划。

（4）正确使用电工常用工具，并根据任务要求和施工图纸，列举所需工具和材料清单，准备工具，领取材料。

（5）能按照作业规程应用必要的标志和隔离措施，准备现场工作环境。

（6）能按图纸、工艺要求、安装规程要求，进行槽板布线施工。

（7）施工后，能按施工任务书的要求进行直观检查。

（8）按电工作业规程，作业完毕后能清点工具、人员，收集剩余材料，清理工程垃圾，拆除防护措施。

（9）能正确填写任务单的验收项目，并交付验收。

（10）工作总结与评价。

【任务难度】

★★⯪☆☆

【建议课时】

30课时。

【工作情境描述】

某公司一办公室要求加装一盏日光灯，总务科委派电工去安装，电工接到派工单后，按要求完成了办公室日光灯的安装任务。

【工作流程与活动】

（1）明确工作任务。

（2）施工前的准备。

（3）现场施工。

（4）总结与评价。

学习活动一　明确工作任务

【任务目标】

（1）组长填写任务单。
（2）组员阅读任务单，明确工作任务。
（3）能正确识读电气原理图、接线图、施工图。
（4）回答教材中提出的相关问题。

【学习课时】

2 课时。

【任务准备】

阅读任务单（表 4-1），明确工作任务。

表 4-1　任 务 单

类别：水□　电□　暖□　土建□　其他□		日期：　　年　　月　　日			
安装地点		编组		姓名	
安装任务					
需求原因					
申报时间		完工时间			
申报单位					
申报人		申报人电话			
物业负责人		物业负责人电话			
安装单位					
安装单位负责人		安装单位电话			
验收意见		验收人			

学习活动二　施工前的准备

【任务目标】

（1）画出电气原理图、电气安装接线图和电气施工平面图。
（2）根据现场画出施工图。
（3）根据现场勘察结果和施工图纸，列举所需工具和材料清单。
（4）根据勘察施工现场的结果，制定工作计划。
（5）回答教材中提出的相关问题。

【学习课时】

14 课时。

【任务准备】

一、识读电气原理图

【思考与练习 1】

问答题

从插孔的形状来看有扁形、方形、圆形三种插孔，这三种不同形状的插孔主要用于哪些区域?

根据图 4-1、图 4-2 能正确分析办公室照明线路电气原理图。

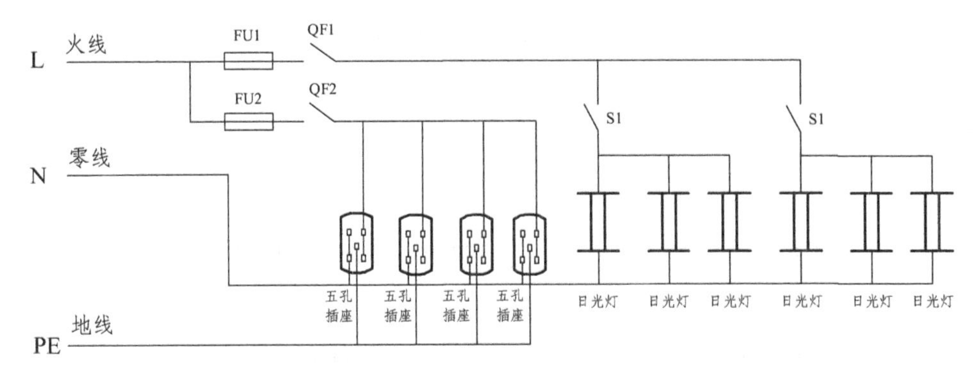

图 4-1　办公室照明电气原理图

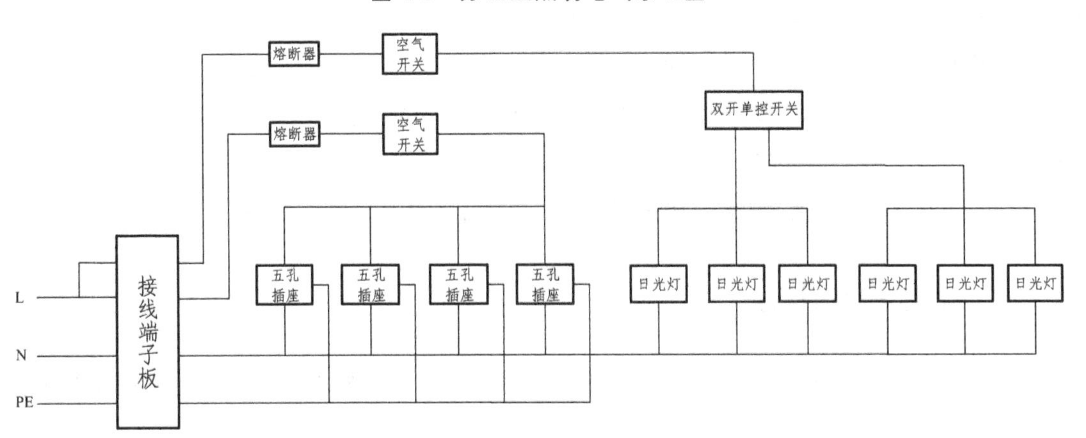

图 4-2　办公室照明电气安装接线图

根据办公室照明的要求，请你完成图 4-3 导线规格型号。

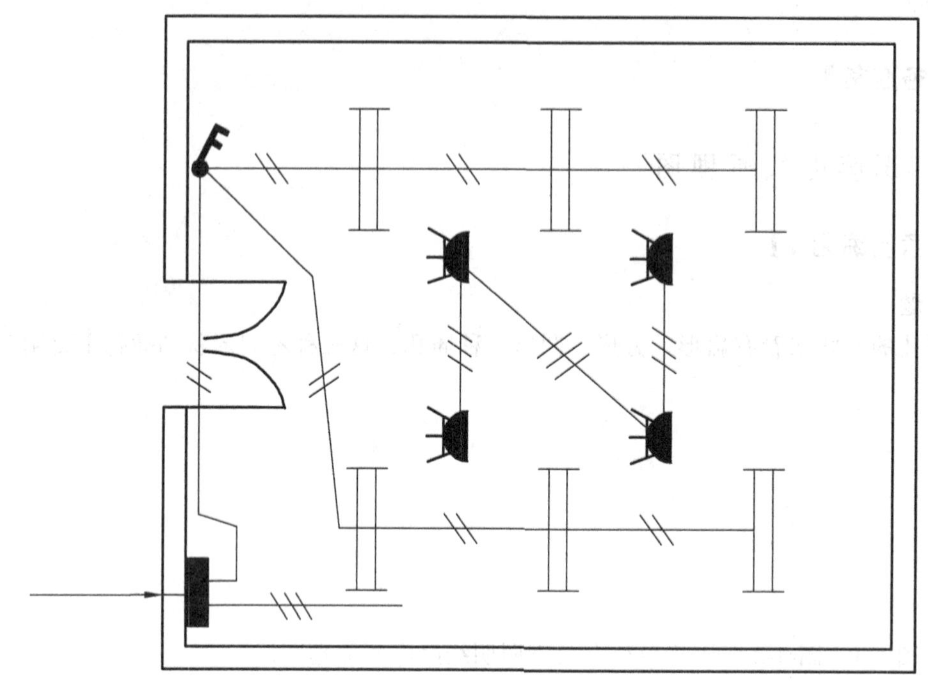

图 4-3　办公室照明施工图

【思考与练习 2】

填空题

（1）电气线路图是用规定的____________绘制的一种表示电路结构的图形，是电气设计人员、技术安装人员操作使用人员进行沟通的________________。

（2）照明电气原理图是按照工作__________排列，详细表示电路的_________部分及其连接关系，而不考虑其_____________的一种简图。

（3）识读照明电气原理图的顺序，通常是从_____________，自___________进行的。

（4）照明电气平面图是表示照明电路在建筑物中的安装___________、连接___________及其安装______________的平面图。

（5）灯具的安装高度，室外一般不低于_______m，室内一般不低于______m。

二、制定工作计划

查阅本次工作任务相关资料，熟悉任务实施的基本步骤，根据任务要求，制定小组工作计划（表 4-2）。

表 4-2　工作计划表

“办公室照明线路的安装与检修”工作计划

一、人员分工

1．小组负责人：________________

2．小组成员及分工

姓名	分　工

二、工具及材料清单

序号	工具或材料名称	规格	数量	单位	单价	金额

续表

三、工序及工期安排					
序号		工作内容	完成时间		备注
四、安全措施					

学习活动三　现场施工

【任务目标】

（1）按照作业规程应用必要的标志和隔离措施，准备现场工作环境。

（2）按图纸、工艺要求、安装规程要求进行槽板配线施工。

（3）施工后，按要求对线路进行检查与调试。

（4）作业完毕后按电工作业规程清点、整理工具，收集剩余材料，清理工程垃圾，拆除防护措施。

【学习课时】

8 课时。

【现场施工】

根据图 4-1、图 4-2、图 4-3 实施办公室照明电气线路的安装。

学习活动四　总结与评价

【任务目标】

（1）能以小组形式，对任务和实训成果进行汇报总结。
（2）完成对任务的综合评价。

【学习课时】

6 课时。

【任务总结】

一、工作总结

以小组为单位，选择演示文稿、展板、海报、录像等形式中的一种或几种，向全班展示、汇报学习成果。

二、综合评价（表 4-3）

表 4-3　综合评价

<table>
<tr><td colspan="2">任务分组</td><td>第　　组</td><td>教学周</td><td colspan="2"></td></tr>
<tr><td colspan="2">工作任务</td><td colspan="4"></td></tr>
<tr><td colspan="2">实施时间</td><td colspan="4">年　　月　　日～　　年　　月　　日</td></tr>
<tr><td>评价项目</td><td>评价内容</td><td>评价标准（配分）</td><td>自我评价</td><td>小组评价</td><td>教师评价</td></tr>
<tr><td rowspan="5">职业素养（40 分）</td><td>学习态度</td><td>1．无旷课（+6 分），无迟到（+2 分），无早退（+2 分）。
2．积极参与学习活动。（+5 分）</td><td></td><td></td><td></td></tr>
<tr><td>团队合作意识</td><td>1．沟通能力强、与同学协作融洽、团队意识强。（+5 分）
2．尊重师长与其他组员，能够很好地交流与合作。（+5 分）
3．积极参与各项活动、小组讨论、安装等过程。（+5 分）</td><td></td><td></td><td></td></tr>
<tr><td>安全责任意识</td><td>1．能遵章守纪，严格要求自己，出色完成工作任务。（+5 分）
2．操作规范，能及时主动地纠正其他同学不正确的操作。（+5 分）</td><td></td><td></td><td></td></tr>
<tr><td colspan="2">得　分</td><td></td><td></td><td></td></tr>
<tr><td colspan="2">平均得分</td><td colspan="3"></td></tr>
</table>

续表

评价项目	评价内容	评价标准（配分）	自我评价	小组评价	教师评价
职业能力（60分）	学习活动	1．按时、完整地完成工作任务。（+10分） 2．能正确回答问题，绘图规范标准。（+10分） 3．能正确分析电气原理图。（+10分） 4．能正确安装和调试电气线路。（+30分）			
	得分				
	平均得分				
综合评价	综合得分				
班级			组号		
姓名			评价等级		
教师			评价日期		

工作任务五　双控灯照明线路的安装与检修

【任务目标】

（1）能阅读“双控灯照明线路安装与检修”工作任务单，明确工时、工艺要求，明确个人任务要求。

（2）能识别导线、开关、灯等电工材料，识读和绘制电气原理图、电气安装接线图、电气施工平面图。

（3）根据施工图纸，勘察施工现场，制定工作计划。

（4）正确使用电工常用工具，并根据任务要求和施工图纸，列举所需工具和材料清单，准备工具，领取材料。

（5）能按照作业规程应用必要的标志和隔离措施，准备现场工作环境。

（6）能按图纸、工艺要求、安装规程要求，进行护套线布线施工。

（7）施工后，能按施工任务书的要求进行直观检查。

（8）按电工作业规程，作业完毕后能清点工具、人员，收集剩余材料，清理工程垃圾，拆除防护措施。

（9）能正确填写任务单的验收项目，并交付验收。

（10）工作总结与评价。

【任务难度】

★★★☆☆

【建议课时】

36课时。

【工作情境描述】

学校教学楼有一上下楼梯过道，因为光线较暗，现在要求采用双控灯来控制上下楼道灯，总务科委派维修某班来完成双控灯的安装任务。

【工作流程与活动】

（1）明确工作任务。
（2）施工前的准备。
（3）现场施工。
（4）总结与评价。

学习活动一　明确工作任务

【任务目标】

（1）组长填写任务单。
（2）组员阅读任务单，明确工作任务。
（3）能正确识读电气原理图、接线图、施工平面图。
（4）回答教材中提出的相关问题。

【学习课时】

4 课时。

【任务准备】

阅读任务单（表 5-1），明确工作任务。

表 5-1　任 务 单

类别：水□ 电□ 暖□ 土建□ 其他□		日期：　　年　　月　　日			
安装地点		编组		姓名	
安装任务					
需求原因					
申报时间		完工时间			
申报单位					
申报人		申报人电话			
物业负责人		物业负责人电话			
安装单位					
安装单位负责人		安装单位电话			
验收意见		验收人			

【思考与练习 1】

问答题：

目前我国常用的输电电压等级是怎样规定的？

学习活动二　施工前的准备

【任务目标】

（1）画出电气原理图、电气安装接线图和电气施工平面图。
（2）根据现场画出施工图。
（3）根据现场勘察结果和施工图纸，列举所需工具和材料清单。
（4）根据勘察施工现场的结果，制定工作计划。
（5）回答教材中提出的相关问题。

【学习课时】

14 课时。

【任务准备】

一、认识元器件

通过对学习活动一的学习可发现，多控开关照明电路是由单刀双掷开关和双刀双掷开关组成的。这些电气元件连接在一起，就实现多控照明。查阅相关资料，对照图片写出其名称、符号及功能（表 5-2）。

表 5-2　根据图片回答问题

实物照片	名称	文字符号和图形符号	功能和用途

 DELIXI			

二、识读双控照明施工图

根据图 5-1、图 5-2 能正确分析双控灯照明线路电气原理图。

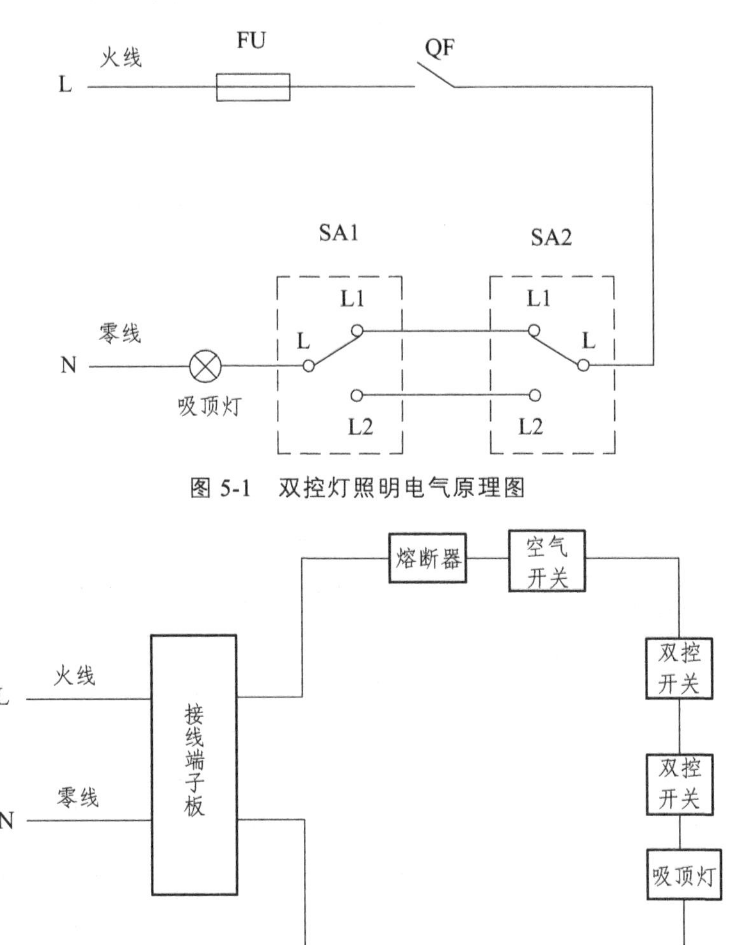

图 5-1　双控灯照明电气原理图

图 5-2　双控灯照明电气安装接线图

三、根据图 5-1 所示电气原理图，结合现场情况绘制双控照明施工图

四、制定工作计划

查阅本次工作任务相关资料，熟悉本次任务实施的基本步骤，根据任务要求，制定小组工作计划（表 5-2）。

表 5-2　工作计划表

“双控灯照明线路的安装与检修”工作计划

一、人员分工

1．小组负责人：____________________

2．小组成员及分工

姓名	分工

二、工具及材料清单

序号	工具或材料名称	规格	数量	单位	单价	金额

三、工序及工期安排

序号		工作内容	完成时间		备注

续表

三、工序及工期安排					
序号		工作内容	完成时间		备注
四、安全措施					

学习活动三　现场施工

【任务目标】

（1）按照作业规程应用必要的标志和隔离措施，准备现场工作环境。

（2）按图纸、工艺要求、安装规程要求进行护套线配线施工。

（3）施工后，按要求对线路进行检查与调试。

（4）作业完毕后按电工作业规程清点、整理工具，收集剩余材料，清理工程垃圾，拆除防护措施。

【学习课时】

12 课时。

【现场施工】

根据双控灯照明施工图实施安装作业。

【思考与练习】

问答题

（1）双控灯电路原理单开灯单控灯电路原理相比有什么不同？这两种电路中用到的开关有什么不同？

（2）绘制三控灯照明线路电气原理图。

学习活动四　总结与评价

【任务目标】

（1）能以小组形式，对任务和实训成果进行汇报总结。

（2）完成对任务的综合评价。

【学习课时】

6 课时。

【任务总结】

一、工作总结

以小组为单位，选择演示文稿、展板、海报、录像等形式中的一种或几种，向全班展示、汇报学习成果。

二、综合评价（表 5-3）

表 5-3 综合评价

<table>
<tr><td colspan="2">任务分组</td><td>第　　组</td><td>教学周</td><td colspan="2"></td></tr>
<tr><td colspan="2">工作任务</td><td colspan="4"></td></tr>
<tr><td colspan="2">实施时间</td><td colspan="4">年　月　日～　年　月　日</td></tr>
<tr><td>评价项目</td><td>评价内容</td><td>评价标准（配分）</td><td>自我评价</td><td>小组评价</td><td>教师评价</td></tr>
<tr><td rowspan="5">职业素养（40分）</td><td>学习态度</td><td>1．无旷课（+6 分），无迟到（+2 分），无早退（+2分）。
2．积极参与学习活动。（+5 分）</td><td></td><td></td><td></td></tr>
<tr><td>团队合作意识</td><td>1．沟通能力强、与同学协作融洽、团队意识强。（+5 分）
2．尊重师长与其他组员，能够很好地交流与合作。（+5 分）
3．积极参与各项活动、小组讨论、安装等过程。（+5 分）</td><td></td><td></td><td></td></tr>
<tr><td>安全责任意识</td><td>1．能遵章守纪，严格要求自己，出色完成工作任务。（+5 分）
2．操作规范，能及时主动地纠正其他同学不正确的操作。（+5 分）</td><td></td><td></td><td></td></tr>
<tr><td colspan="2">得分</td><td></td><td></td><td></td></tr>
<tr><td colspan="2">平均得分</td><td colspan="3"></td></tr>
<tr><td>评价项目</td><td>评价内容</td><td>评价标准（配分）</td><td>自我评价</td><td>小组评价</td><td>教师评价</td></tr>
<tr><td rowspan="3">职业能力（60分）</td><td>学习活动</td><td>1．按时、完整地完成工作任务。（+10 分）
2．能正确回答问题，绘图规范标准。（+10 分）
3．能正确分析电气原理图。（+10 分）
4．能正确安装和调试电气线路。（+30 分）</td><td></td><td></td><td></td></tr>
<tr><td colspan="2">得分</td><td></td><td></td><td></td></tr>
<tr><td colspan="2">平均得分</td><td colspan="3"></td></tr>
<tr><td>综合评价</td><td colspan="2">综合得分</td><td colspan="3"></td></tr>
<tr><td colspan="2">班级</td><td></td><td colspan="2">组号</td><td></td></tr>
<tr><td colspan="2">姓名</td><td></td><td colspan="2">评价等级</td><td></td></tr>
<tr><td colspan="2">教师</td><td></td><td colspan="2">评价日期</td><td></td></tr>
</table>

工作任务六　教室照明线路的安装与检修

【任务目标】

（1）能根据工作任务单，明确工时、工艺要求等。

（2）能识读和绘制电气原理图、电气安装接线图、电气施工平面图。

（3）能根据施工图纸，勘察施工现场，制定工作计划。

（4）能正确使用电工常用工具，并根据任务要求和施工图纸，列举所需工具和材料清单，准备工具，领取材料。

（5）能按照作业规程应用必要的标志和隔离措施，准备现场工作环境。

（6）能按图纸、工艺要求、安装规程要求，进行槽板布线施工。

（7）施工后，能按施工任务书的要求进行直观检查。

（8）按电工作业规程，作业完毕后能清点工具、人员，收集剩余材料，清理工程垃圾，拆除防护措施。

（9）能正确填写任务单的验收项目，并交付验收。

（10）工作总结与评价。

【任务难度】

★★☆☆☆

【建议课时】

32 课时。

【工作情境描述】

学校教学楼有一间教室照明线路老化，为满足使用要求，需要进行线路的重新敷设。总务处委派某班根据教室的照明线路设计要求完成施工。

【工作流程与活动】

（1）明确工作任务。

（2）施工前的准备。

（3）现场施工。

（4）总结与评价。

学习活动一　明确工作任务

【任务目标】

（1）组长填写任务单。

（2）组员阅读任务单，明确工作任务。

（3）能正确识读电气原理图、接线图、施工平面图。

（4）回答教材中提出的相关问题。

【学习课时】

2 课时。

【任务准备】

阅读任务单（表 6-1），明确工作任务。

表 6-1　任 务 单

<table>
<tr><td colspan="6">类别：水□ 电□ 暖□ 土建□ 其他□　　　　　日期：　　年　　月　　日</td></tr>
<tr><td>安装地点</td><td></td><td>编组</td><td></td><td>姓名</td><td></td></tr>
<tr><td>安装任务</td><td colspan="5"></td></tr>
<tr><td>需求原因</td><td colspan="5"></td></tr>
<tr><td>申报时间</td><td></td><td colspan="2">完工时间</td><td colspan="2"></td></tr>
<tr><td>申报单位</td><td colspan="5"></td></tr>
<tr><td>申报人</td><td></td><td colspan="2">申报人电话</td><td colspan="2"></td></tr>
<tr><td>物业负责人</td><td></td><td colspan="2">物业负责人电话</td><td colspan="2"></td></tr>
<tr><td>安装单位</td><td colspan="5"></td></tr>
<tr><td>安装单位负责人</td><td></td><td colspan="2">安装单位电话</td><td colspan="2"></td></tr>
<tr><td>验收意见</td><td></td><td colspan="2">验收人</td><td colspan="2"></td></tr>
</table>

学习活动二　施工前的准备

【任务目标】

（1）画出电气原理图、电气安装接线图和电气施工平面图。
（2）根据现场画出施工图。
（3）根据现场勘察结果和施工图纸，列举所需工具和材料清单。
（4）根据勘察施工现场的结果，制定工作计划。
（5）回答教材中提出的相关问题。

【学习课时】

12 课时。

【任务准备】

一、识读电气原理图

根据图 6-1 ~ 图 6-3 能正确分析教室照明线路电气原理图。

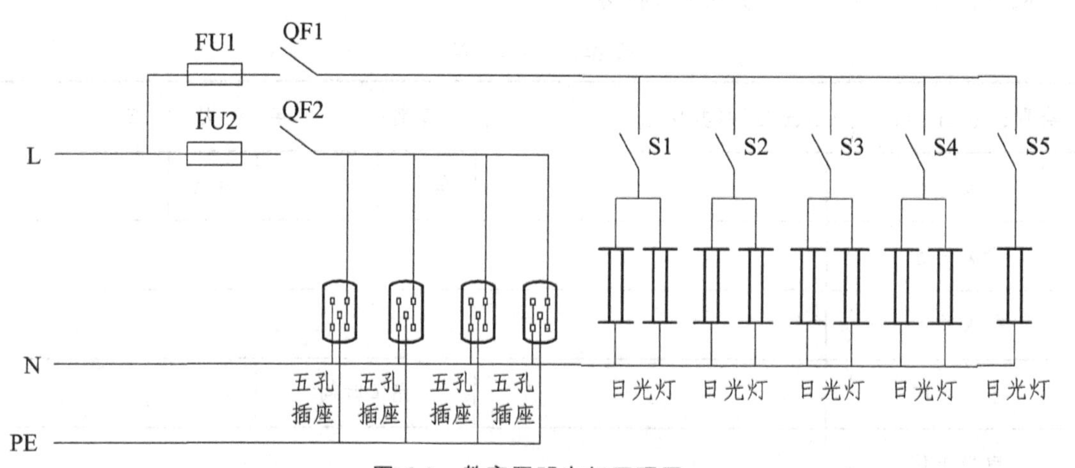

图 6-1　教室照明电气原理图

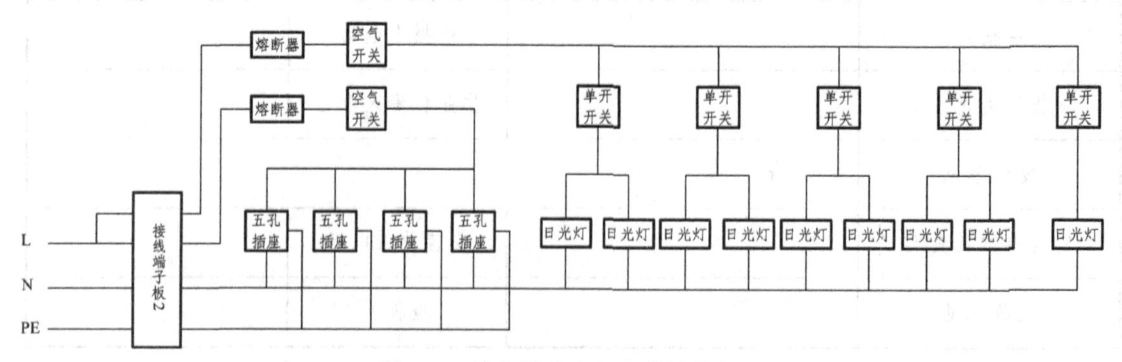

图 6-2　教室照明电气安装接线图

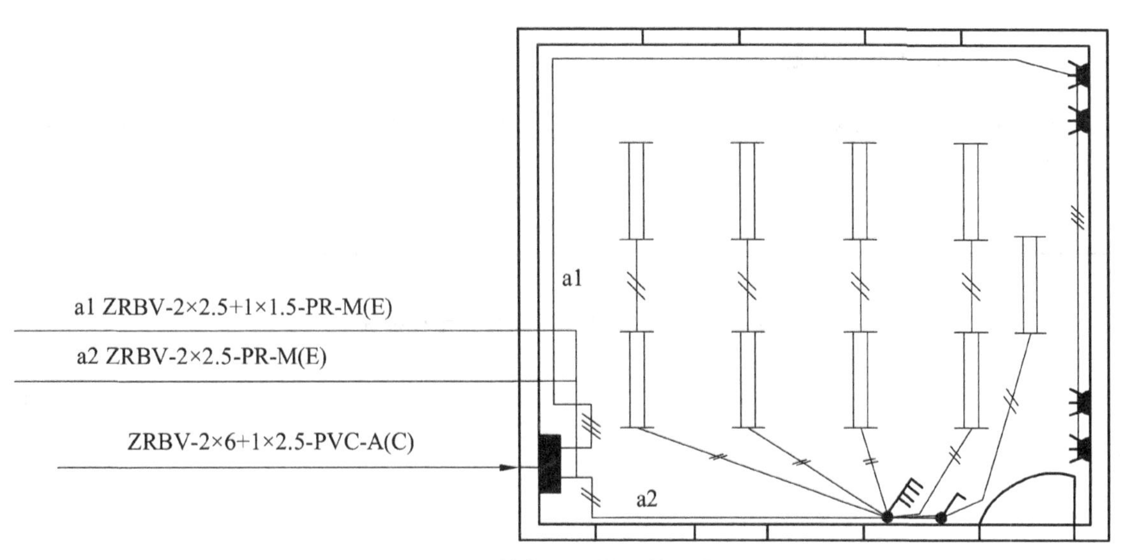

图 6-3　教室照明平面施工图

【思考与练习】

（一）填空题

（1）单相三孔插座的接线原则是左侧________线、右侧_________线、中间________线。

（2）根据标准规定接地线颜色应是____________线。

（3）插座的安装高度距地面不得低于________m，儿童活动的场所不低于________m。

（4）管内导线一般不应超过______根。多根导线穿管时，导线截面积总和不应超过管内截面积的__________。导线最小截面积，铜芯导线不得小于_________，铝芯导线不得小于__________。

（5）照明线路常见故障主要有___________、___________和_____________三种。

（6）通常规定黄色为________相、绿色为________相、红色表示_______相、接地体零线为________色。

（二）问答题

在本次教室照明线路中，你对导线的选配要求是怎样规定的？

二、制定工作计划

查阅本次工作任务相关资料，熟悉本次任务实施的基本步骤，根据任务要求，制定小组工作计划（表 6-2）。

表 6-2　工作计划表

“教室照明线路的安装与检修”工作计划

一、人员分工

1．小组负责人：＿＿＿＿＿＿＿＿＿＿

2．小组成员及分工

姓名	分　工

续表

二、工具及材料清单

序号	工具或材料名称	规格	数量	单位	单价	金额

三、工序及工期安排

序号		工作内容	完成时间		备注

四、安全措施

学习活动三　现场施工

【任务目标】

（1）按照作业规程应用必要的标志和隔离措施，准备现场工作环境。

（2）按图纸、工艺要求、安装规程要求进行槽板配线施工。

（3）施工后，按要求对线路进行检查与调试。

（4）作业完毕后按电工作业规程清点、整理工具，收集剩余材料，清理工程垃圾，拆除防护措施。

【学习课时】

12 课时。

【现场施工】

根据图 6-1 ~ 图 6-3 所示，实施教室照明线路的安装作业。

学习活动四　总结与评价

【任务目标】

（1）能以小组形式，对任务和实训成果进行汇报总结。

（2）完成对任务的综合评价。

【学习课时】

6 课时。

【任务总结】

一、工作总结

以小组为单位，选择演示文稿、展板、海报、录像等形式中的一种或几种，向全班展示、汇报学习成果。

二、综合评价（表 6-3）

表 6-3　综合评价

<table>
<tr><td colspan="2">任务分组</td><td>第　　组</td><td>教学周</td><td colspan="2"></td></tr>
<tr><td colspan="2">工作任务</td><td colspan="4"></td></tr>
<tr><td colspan="2">实施时间</td><td colspan="4">年　月　日～　年　月　日</td></tr>
<tr><td>评价项目</td><td>评价内容</td><td>评价标准（配分）</td><td>自我评价</td><td>小组评价</td><td>教师评价</td></tr>
<tr><td rowspan="5">职业素养（40分）</td><td>学习态度</td><td>1. 无旷课（+6分），无迟到（+2分），无早退（+2分）。
2. 积极参与学习活动。（+5分）</td><td></td><td></td><td></td></tr>
<tr><td>团队合作意识</td><td>1. 沟通能力强、与同学协作融洽、团队意识强。（+5分）
2. 尊重师长与其他组员，能够很好地交流与合作。（+5分）
3. 积极参与各项活动、小组讨论、安装等过程。（+5分）</td><td></td><td></td><td></td></tr>
<tr><td>安全责任意识</td><td>1. 能遵章守纪，严格要求自己，出色完成工作任务。（+5分）
2. 操作规范，能及时主动地纠正其他同学不正确的操作。（+5分）</td><td></td><td></td><td></td></tr>
<tr><td colspan="2">得　分</td><td></td><td></td><td></td></tr>
<tr><td colspan="2">平均得分</td><td colspan="3"></td></tr>
<tr><td>评价项目</td><td>评价内容</td><td>评价标准（配分）</td><td>自我评价</td><td>小组评价</td><td>教师评价</td></tr>
<tr><td rowspan="3">职业能力（60分）</td><td>学习活动</td><td>1. 按时、完整地完成工作任务。（+10分）
2. 能正确回答问题，绘图规范标准。（+10分）
3. 能正确分析电气原理图。（+10分）
4. 能正确安装和调试电气线路。（+30分）</td><td></td><td></td><td></td></tr>
<tr><td colspan="2">得　分</td><td></td><td></td><td></td></tr>
<tr><td colspan="2">平均得分</td><td colspan="3"></td></tr>
<tr><td>综合评价</td><td colspan="2">综合得分</td><td colspan="3"></td></tr>
<tr><td colspan="2">班　级</td><td></td><td>组　号</td><td colspan="2"></td></tr>
<tr><td colspan="2">姓　名</td><td></td><td>评价等级</td><td colspan="2"></td></tr>
<tr><td colspan="2">教　师</td><td></td><td>评价日期</td><td colspan="2"></td></tr>
</table>

工作任务七　实训室照明线路的安装与检修

【任务目标】

（1）能根据工作任务单，明确工时、工艺要求等。

（2）能识读和绘制电气原理图、电气安装接线图、电气施工平面图。

（3）能根据施工图纸，勘察施工现场，制定工作计划。

（4）能正确使用电工常用工具，并根据任务要求和施工图纸，列举所需工具和材料清单，准备工具，领取材料。

（5）能按照作业规程应用必要的标志和隔离措施，准备现场工作环境。

（6）能按图纸、工艺要求、安装规程要求，进行线管布线施工。

（7）施工后，能按施工任务书的要求进行直观检查。

（8）按电工作业规程，作业完毕后能清点工具、人员，收集剩余材料，清理工程垃圾，拆除防护措施。

（9）能正确填写任务单的验收项目，并交付验收。

（10）工作总结与评价。

【任务难度】

★★★★☆

【建议课时】

36 课时。

【工作情境描述】

学校教学实训楼二楼一空房间改造为电工实训室，为满足电工实训的要求，需要进行线路的重新敷设。总务处委派某班根据实训室的用电要求设计并完成施工。

【工作流程与活动】

（1）明确工作任务。

（2）施工前的准备。

（3）现场施工。

（4）总结与评价。

学习活动一 明确工作任务

【任务目标】

（1）组长填写任务单。
（2）组员阅读任务单，明确工作任务。
（3）能正确识读电气原理图、接线图、施工平面图。
（4）回答教材中提出的相关问题。

【学习课时】

2 课时。

【任务准备】

阅读任务单（表 7-1），明确工作任务。

表 7-1 任 务 单

类别：水☐ 电☐ 暖☐ 土建☐ 其他☐		日期： 年 月 日			
安装地点		编组		姓名	
安装任务					
需求原因					
申报时间		完工时间			
申报单位					
申报人		申报人电话			
物业负责人		物业负责人电话			
安装单位					
安装单位负责人		安装单位电话			
验收意见		验收人			

学习活动二 施工前的准备

【任务目标】

（1）画出电气原理图、电气安装接线图和电气施工平面图。
（2）根据现场画出施工图。

（3）根据现场勘察结果和施工图纸，列举所需工具和材料清单。

（4）根据勘察施工现场的结果，制定工作计划。

（5）回答教材中提出的相关问题。

【学习课时】

16 课时。

【任务准备】

一、实训室分配电箱（图 7-1、图 7-2）

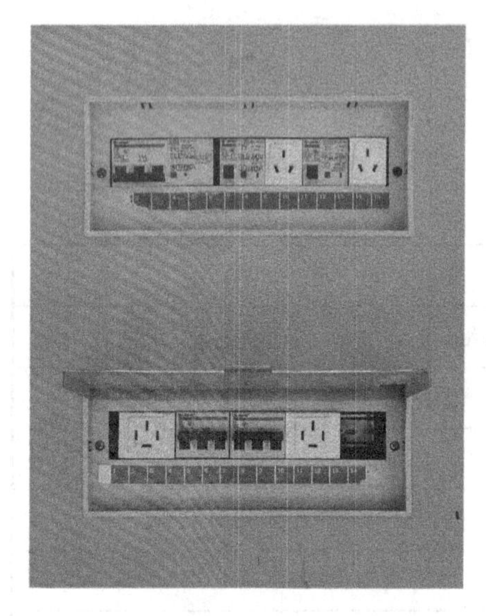

（a）外部结构员

（b）内部接线

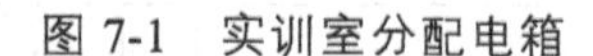

图 7-1　实训室分配电箱

（a）分配电箱在左侧的布置

（b）分配电箱在右侧的布置

图 7-2　分配电箱在实训室的分布

二、识读电气原理图

实训室的照明线路往往是比较复杂的，有交流电和直流电、有单相交流电和三相交流电等等。在此以电气控制实训室的用电要求设计照明线路电气原理图，如图 7-3 所示。

正确分析图 7-3、图 7-4、图 7-5 所示实训室照明线路电气原理图。

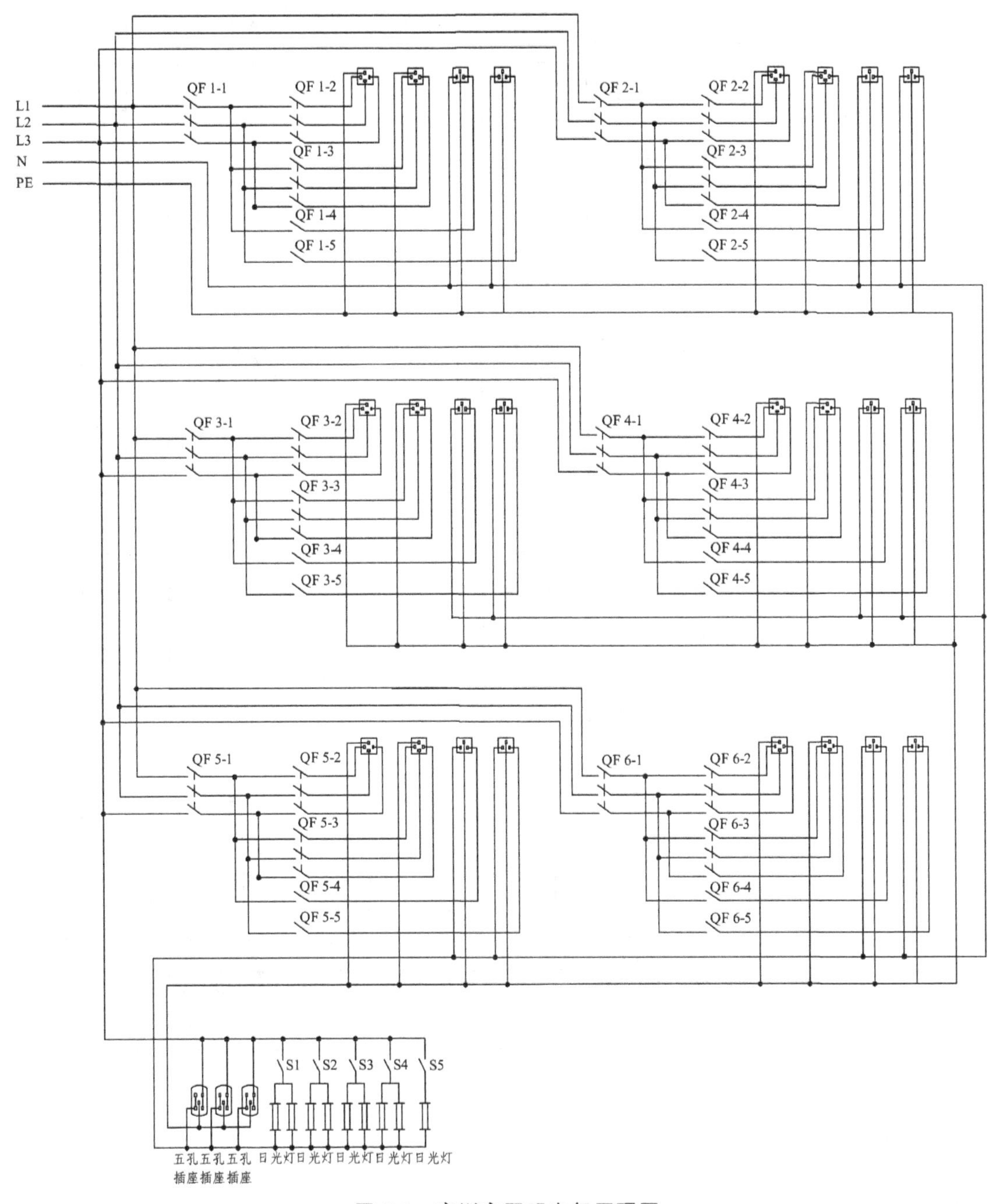

图 7-3　实训室照明电气原理图

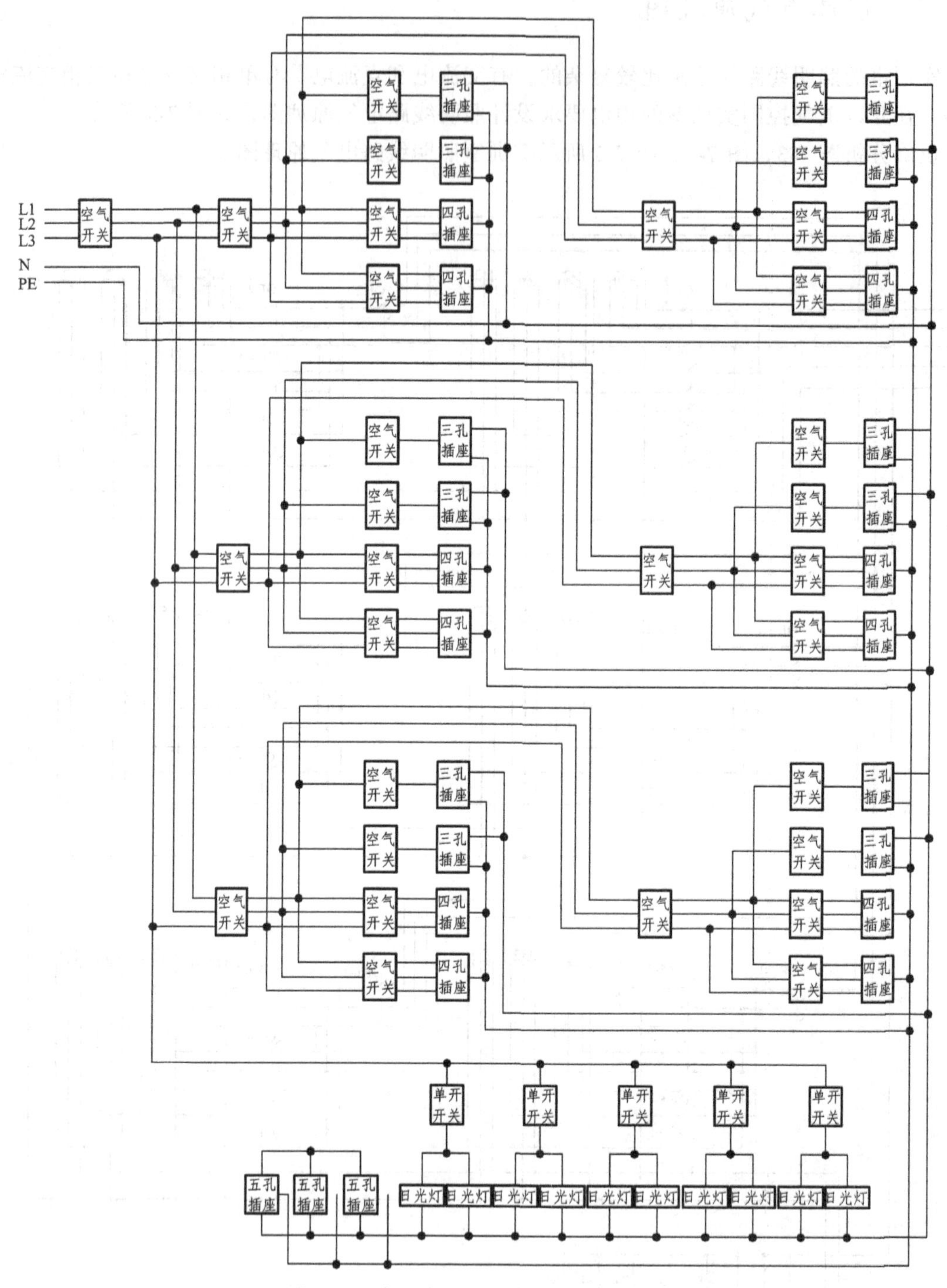

图 7-4 实训室照明电气安装接线图

【思考与练习 1】

问答题

举例说明混合式供电方式在实际中的应用，并画出供电示意图。

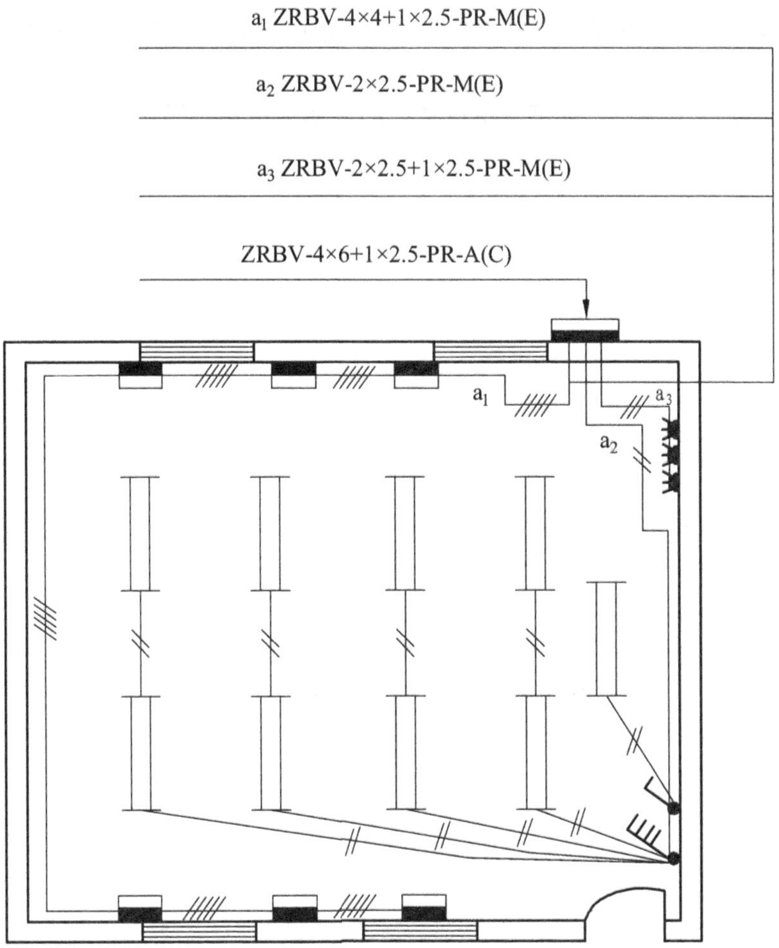

a_1 ZRBV-4×4+1×2.5-PR-M(E)

a_2 ZRBV-2×2.5-PR-M(E)

a_3 ZRBV-2×2.5+1×2.5-PR-M(E)

ZRBV-4×6+1×2.5-PR-A(C)

a_1 a_3 a_2

图 7-5　实训室照明施工平面图

【思考与练习 2】

问答题

1. 举例说明混合式供电方式在实际中的应用，并画出供电示意图。

2. 照明配电箱是在低压供电系统末端负责完成电能控制、保护、转换和分配的设备，主要由电线、元器件（包括隔离开关、断路器等）及箱体组成。照明配电箱通常控制着多条线路的通断。在教师指导下，观察教室或楼内的照明配电箱，写出各个开关和楼内线路的控制关系。

二、制定工作计划

查阅本次工作任务相关资料，熟悉本次任务实施的基本步骤，根据任务要求，制定小组工作计划（表 7-2）。

表 7-2　工作计划表

“实训室照明线路的安装与检修”工作计划

一、人员分工

1．小组负责人：____________

2．小组成员及分工

姓名	分　工

二、工具及材料清单

序号	工具或材料名称	规格	数量	单位	单价	金额

续表

三、工序及工期安排					
序号		工作内容	完成时间		备注
四、安全措施					

学习活动三　现场施工

【任务目标】

（1）按照作业规程应用必要的标志和隔离措施，准备现场工作环境。

（2）按图纸、工艺要求、安装规程要求进行槽板配线施工。

（3）施工后，按要求对线路进行检查与调试。

（4）作业完毕后按电工作业规程清点、整理工具，收集剩余材料，清理工程垃圾，拆除防护措施。

【学习课时】

12 课时。

【现场施工】

根据图 7-3、图 7-4、图 7-5 实施实训室照明线路的安装施工。

学习活动四　总结与评价

【任务目标】

（1）能以小组形式，对任务和实训成果进行汇报总结。
（2）完成对任务的综合评价。

【学习课时】

6课时。

【任务总结】

一、工作总结

以小组为单位，选择演示文稿、展板、海报、录像等形式中的一种或几种，向全班展示、汇报学习成果。

二、综合评价（表7-3）

表7-3　综合评价

任务分组		第　　组	教学周		
工作任务					
实施时间		年　月　日～　年　月　日			
评价项目	评价内容	评价标准（配分）	自我评价	小组评价	教师评价
职业素养（40分）	学习态度	1．无旷课（+6分），无迟到（+2分），无早退（+2分）。 2．积极参与学习活动。（+5分）			
	团队合作意识	1．沟通能力强、与同学协作融洽、团队意识强。（+5分） 2．尊重师长与其他组员，能够很好地交流与合作。（+5分） 3．积极参与各项活动、小组讨论、安装等过程。（+5分）			
	安全责任意识	1．能遵章守纪，严格要求自己，出色完成工作任务。（+5分） 2．操作规范，能及时主动地纠正其他同学不正确的操作。（+5分）			
	得　分				
	平均得分				

续表

<table>
<tr><td>评价项目</td><td>评价内容</td><td>评价标准（配分）</td><td>自我评价</td><td>小组评价</td><td>教师评价</td></tr>
<tr><td rowspan="3">职业能力（60分）</td><td>学习活动</td><td>1．按时、完整地完成工作任务。（+10分）
2．能正确回答问题，绘图规范标准。（+10分）
3．能正确分析电气原理图。（+10分）
4．能正确安装和调试电气线路。（+30分）</td><td></td><td></td><td></td></tr>
<tr><td colspan="2">得　分</td><td></td><td></td><td></td></tr>
<tr><td colspan="2">平均得分</td><td colspan="3"></td></tr>
<tr><td>综合评价</td><td colspan="2">综合得分</td><td colspan="3"></td></tr>
<tr><td colspan="2">班　级</td><td></td><td>组　号</td><td colspan="2"></td></tr>
<tr><td colspan="2">姓　名</td><td></td><td>评价等级</td><td colspan="2"></td></tr>
<tr><td colspan="2">教　师</td><td></td><td>评价日期</td><td colspan="2"></td></tr>
</table>

工作任务八　室外照明线路的安装和维修

【任务目标】

（1）能根据工作任务单，明确工时、工艺要求等。

（2）能识读和绘制电气原理图、电气安装接线图、电气施工平面图。

（3）能根据施工图纸，勘察施工现场，制定工作计划。

（4）能正确使用电工常用工具，并根据任务要求和施工图纸，列举所需工具和材料清单，准备工具，领取材料。

（5）能按照作业规程应用必要的标志和隔离措施，准备现场工作环境。

（6）能按图纸、工艺要求、安装规程要求，进行线管布线施工。

（7）施工后，能按施工任务书的要求进行直观检查。

（8）按电工作业规程，作业完毕后能清点工具、人员，收集剩余材料，清理工程垃圾，拆除防护措施。

（9）能正确填写任务单的验收项目，并交付验收。

（10）工作总结与评价。

【任务难度】

★★☆☆☆

【建议课时】

20 课时。

【工作情境描述】

学校 1#教学楼与 2#教学楼之间的过道无照明灯，夜间存在安全隐患，现在要求用 PVC 管明敷方式在过道内安装室外照明设施，总务处责成维修电工班在 3 天内按照室外照明线路安装方案，完成施工，并配合验收。

【工作流程与活动】

（1）明确工作任务。
（2）施工前的准备。
（3）现场施工。
（4）总结与评价。

学习活动一　明确工作任务

【任务目标】

（1）组长填写任务单。
（2）组员阅读任务单，明确工作任务。
（3）能正确识读电气原理图、接线图、施工平面图。
（4）回答教材中提出的相关问题。

【学习课时】

2 课时。

【任务准备】

阅读任务单（表 8-1），明确工作任务。

表 8-1 任务单

类别：水□ 电□ 暖□ 土建□ 其他□		日期： 年 月 日			
安装地点		编组		姓名	
安装任务					
需求原因					
申报时间		完工时间			
申报单位					
申报人		申报人电话			
物业负责人		物业负责人电话			
安装单位					
安装单位负责人		安装单位电话			
验收意见		验收人			

学习活动二　施工前的准备

【任务目标】

（1）画出电气原理图、电气安装接线图和电气施工平面图。

（2）根据现场画出施工图。

（3）根据现场勘察结果和施工图纸，列举所需工具和材料清单。

（4）根据勘察施工现场的结果，制定工作计划。

（5）回答教材中提出的相关问题。

【学习课时】

4 课时。

【任务准备】

一、识读电气原理图

（1）根据图 8-1 分析室外照明线路电气原理图。

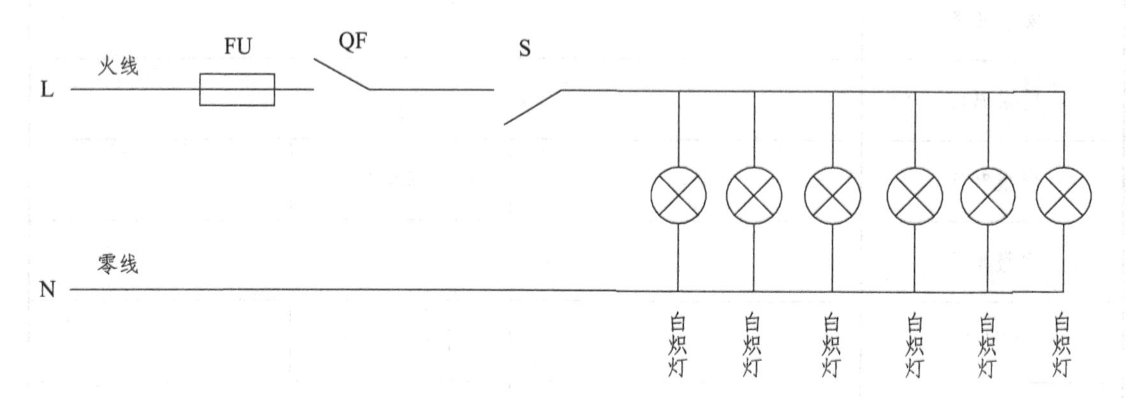

图 8-1　室外照明电气原理图

（2）根据图 8-2 所示，分析室外照明电气安装接线图。

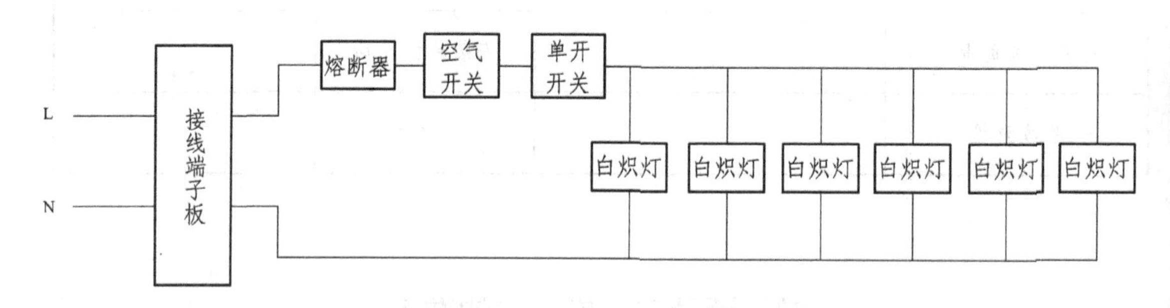

图 8-2　室外照明电气安装接线图

二、根据现场情况画出室外照明电气施工平面图

三、制定工作计划

查阅本次工作任务相关资料，熟悉本次任务实施的基本步骤，根据任务要求，制定小组工作计划（表 8-2）。

表 8-2　工作计划表

“室外照明线路的安装和维修”工作计划

一、人员分工

1. 小组负责人：____________________

2. 小组成员及分工

姓名	分　工

二、工具及材料清单

序号	工具或材料名称	规格	数量	单位	单价	金额

续表

三、工序及工期安排					
序号		工作内容	完成时间		备注
四、安全措施					

学习活动三　现场施工

【任务目标】

（1）按照作业规程应用必要的标志和隔离措施，准备现场工作环境。

（2）按图纸、工艺要求、安装规程要求进行线管配线施工。

（3）施工后，按要求对线路进行检查与调试。

（4）作业完毕后按电工作业规程清点、整理工具，收集剩余材料，清理工程垃圾，拆除防护措施。

【学习课时】

10 课时。

【现场施工】

根据图 8-1、图 8-2 实施室外照明线路的安装施工。

【思考与练习】

问答题

1. 必须安装漏电断路器的设备和场所有哪些？

2. 根据实物任选一种声光感应延时开关着为某一层楼道照明控制，要求画出电气原理图。

学习活动四　总结与评价

【任务目标】

（1）能以小组形式，对任务和实训成果进行汇报总结。

（2）完成对任务的综合评价。

【学习课时】

4 课时。

【任务总结】

一、工作总结

以小组为单位，选择演示文稿、展板、海报、录像等形式中的一种或几种，向全班展示、汇报学习成果。

二、综合评价（表 8-3）

表 8-3 综 合 评 价

<table>
<tr><td colspan="2">任务分组</td><td>第　　组</td><td>教学周</td><td colspan="2"></td></tr>
<tr><td colspan="2">工作任务</td><td colspan="4"></td></tr>
<tr><td colspan="2">实施时间</td><td colspan="4">年　月　日～　年　月　日</td></tr>
<tr><td>评价项目</td><td>评价内容</td><td>评价标准（配分）</td><td>自我评价</td><td>小组评价</td><td>教师评价</td></tr>
<tr><td rowspan="5">职业素养（40分）</td><td>学习态度</td><td>1. 无旷课（+6分），无迟到（+2分），无早退（+2分）。
2. 积极参与学习活动。（+5分）</td><td></td><td></td><td></td></tr>
<tr><td>团队合作意识</td><td>1. 沟通能力强、与同学协作融洽、团队意识强。（+5分）
2. 尊重师长与其他组员，能够很好地交流与合作。（+5分）
3. 积极参与各项活动、小组讨论、安装等过程。（+5分）</td><td></td><td></td><td></td></tr>
<tr><td>安全责任意识</td><td>1. 能遵章守纪，严格要求自己，出色完成工作任务。（+5分）
2. 操作规范，能及时主动地纠正其他同学不正确的操作。（+5分）</td><td></td><td></td><td></td></tr>
<tr><td colspan="2">得　分</td><td></td><td></td><td></td></tr>
<tr><td colspan="2">平均得分</td><td colspan="3"></td></tr>
<tr><td>评价项目</td><td>评价内容</td><td>评价标准（配分）</td><td>自我评价</td><td>小组评价</td><td>教师评价</td></tr>
<tr><td rowspan="3">职业能力（60分）</td><td>学习活动</td><td>1. 按时、完整地完成工作任务。（+10分）
2. 能正确回答问题，绘图规范标准。（+10分）
3. 能正确分析电气原理图。（+10分）
4. 能正确安装和调试电气线路。（+30分）</td><td></td><td></td><td></td></tr>
<tr><td colspan="2">得　分</td><td></td><td></td><td></td></tr>
<tr><td colspan="2">平均得分</td><td colspan="3"></td></tr>
<tr><td>综合评价</td><td colspan="2">综合得分</td><td colspan="3"></td></tr>
<tr><td colspan="2">班　级</td><td></td><td>组　号</td><td colspan="2"></td></tr>
<tr><td colspan="2">姓　名</td><td></td><td>评价等级</td><td colspan="2"></td></tr>
<tr><td colspan="2">教　师</td><td></td><td>评价日期</td><td colspan="2"></td></tr>
</table>

工作任务九　家居套房照明线路的安装与检修

【任务目标】

（1）能根据工作任务单，明确工时、工艺要求等。

（2）能根据电气施工平面图绘制电气原理图、电气安装接线图。

（3）能根据施工图纸，制定工作计划。

（4）能正确使用电工常用工具，并根据任务要求和施工图纸，列举所需工具和材料清单，准备工具，领取材料。

（5）能按照作业规程应用必要的标志和隔离措施，准备现场工作环境。

（6）能按图纸、工艺要求、安装规程要求，进行线管布线施工。

（7）施工后，能按施工任务书的要求进行直观检查。

（8）按电工作业规程，作业完毕后能清点工具、人员，收集剩余材料，清理工程垃圾，拆除防护措施。

（9）能正确填写任务单的验收项目，并交付验收。

（10）工作总结与评价。

【任务难度】

★★★★☆

【建议课时】

36课时。

【工作情境描述】

有一套二室一厅的房间，现在根据用电要求进行照明线路的改造，要求用PVC管暗敷方式施工，总务处责成维修电工班在3天内按照家居用电要求进行线路安装，并配合验收。

【工作流程与活动】

（1）明确工作任务。

（2）施工前的准备。

（3）现场施工。

（4）总结与评价。

学习活动一　明确工作任务

【任务目标】

（1）组长填写任务单。
（2）组员阅读任务单，明确工作任务。
（3）能正确识读电气原理图、接线图、施工平面图。
（4）回答教材中提出的相关问题。

【学习课时】

2 课时。

【任务准备】

阅读任务单（表 9-1），明确工作任务。

表 9-1　任 务 单

类别：水□ 电□ 暖□ 土建□ 其他□		日期：　　年　　月　　日			
安装地点		编组		姓名	
安装任务					
需求原因					
申报时间		完工时间			
申报单位					
申报人		申报人电话			
物业负责人		物业负责人电话			
安装单位					
安装单位负责人		安装单位电话			
验收意见		验收人			

学习活动二　施工前的准备

【任务目标】

（1）根据图 9-1 所示电气施工平面图绘制与之相对应的电气原理图和电气安装接线图。
（2）根据现场实际情况绘制电气原理图、电气安装接线图和电气施工平面图。

（3）根据现场勘察结果和施工图纸，列举所需工具和材料清单。

（4）根据勘察施工现场的结果，制定工作计划。

（5）回答教材中提出的相关问题。

【学习课时】

16 课时。

【任务准备】

一、识读电气原理图

根据图 9-1 所示家居套房照明平面施工图画出相对应的电气原理图及安装接线图。

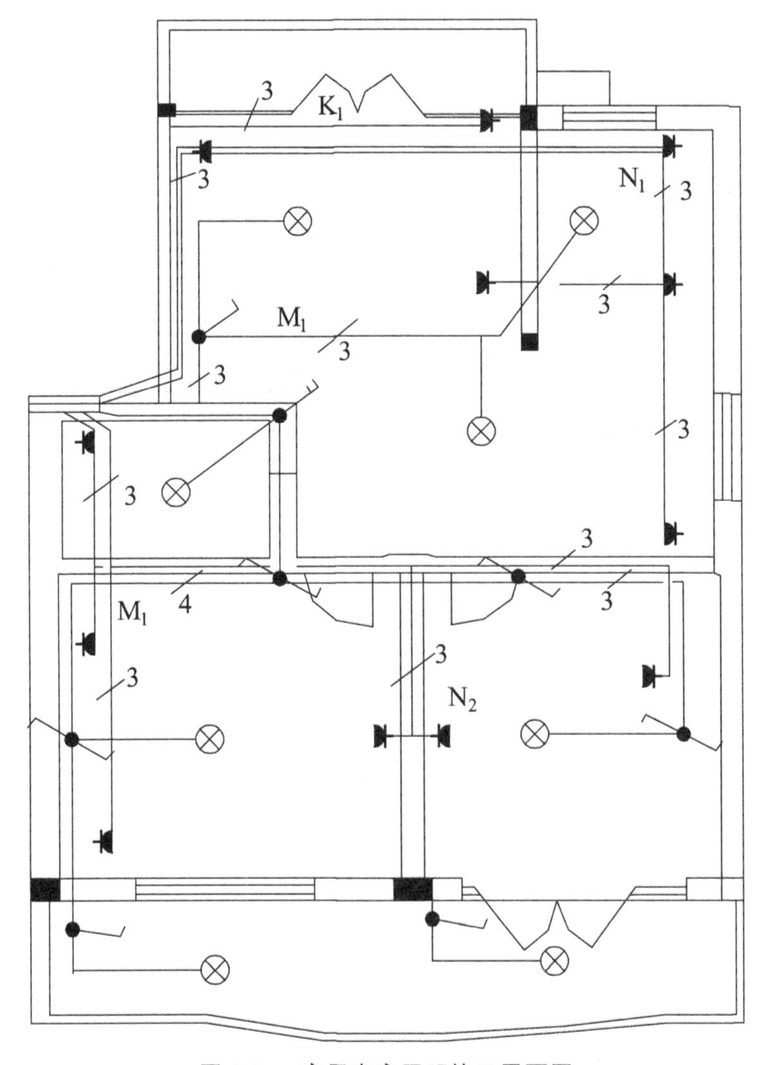

图 9-1　家居套房照明施工平面图

【思考与练习 1】

问答题：

1. 漏电保护器动作的可靠性保护试验是怎样做的？

2. 低压供电系统是怎样分类的？

二、制定工作计划

查阅本次工作任务相关资料，熟悉本次任务实施的基本步骤，根据任务要求，制定小组工作计划（表 9-2）。

表 9-2 工作计划表

“家居套房照明线路的安装与检修”工作计划

一、人员分工

1．小组负责人：____________________

2．小组成员及分工

姓名	分 工

续表

二、工具及材料清单						
序号	工具或材料名称	规格	数量	单位	单价	金额

三、工序及工期安排					
序号		工作内容	完成时间		备注

续表

四、安全措施

学习活动三　现场施工

【任务目标】

（1）按照作业规程应用必要的标志和隔离措施，准备现场工作环境。

（2）按图纸、工艺要求、安装规程要求进行线管配线施工。

（3）施工后，按要求对线路进行检查与调试。

（4）作业完毕后按电工作业规程清点、整理工具，收集剩余材料，清理工程垃圾，拆除防护措施。

【学习课时】

12 课时。

【现场施工】

根据现场所绘制的电气原理图、安装接线图和施工平面图及相关技术要求进行施工。

【现场施工】

问答题：

叙述固定暗敷塑料线管现埋施工步骤和要求？

学习活动四　总结与评价

【任务目标】

（1）能以小组形式，对任务和实训成果进行汇报总结。
（2）完成对任务的综合评价。

【学习课时】

6课时。

【任务总结】

一、工作总结

以小组为单位，选择演示文稿、展板、海报、录像等形式中的一种或几种，向全班展示、汇报学习成果。

二、综合评价（表9-3）

表9-3　综合评价

<table>
<tr><td colspan="2">任务分组</td><td>第　　组</td><td colspan="2">教学周</td><td></td></tr>
<tr><td colspan="2">工作任务</td><td colspan="4"></td></tr>
<tr><td colspan="2">实施时间</td><td colspan="4">年　　月　　日～　　年　　月　　日</td></tr>
<tr><td>评价项目</td><td>评价内容</td><td>评价标准（配分）</td><td>自我评价</td><td>小组评价</td><td>教师评价</td></tr>
<tr><td rowspan="5">职业素养（40分）</td><td>学习态度</td><td>1. 无旷课（+6分），无迟到（+2分），无早退（+2分）。
2. 积极参与学习活动。（+5分）</td><td></td><td></td><td></td></tr>
<tr><td>团队合作意识</td><td>1. 沟通能力强、与同学协作融洽、团队意识强。（+5分）
2. 尊重师长与其他组员，能够很好地交流与合作。（+5分）
3. 积极参与各项活动、小组讨论、安装等过程。（+5分）</td><td></td><td></td><td></td></tr>
<tr><td>安全责任意识</td><td>1. 能遵章守纪，严格要求自己，出色完成工作任务。（+5分）
2. 操作规范，能及时主动地纠正其他同学不正确的操作。（+5分）</td><td></td><td></td><td></td></tr>
<tr><td colspan="2">得　分</td><td></td><td></td><td></td></tr>
<tr><td colspan="2">平均得分</td><td colspan="3"></td></tr>
</table>

续表

<table>
<tr><th>评价项目</th><th>评价内容</th><th colspan="2">评价标准（配分）</th><th>自我评价</th><th>小组评价</th><th>教师评价</th></tr>
<tr><td rowspan="3">职业能力（60分）</td><td>学习活动</td><td colspan="2">1．按时、完整地完成工作任务。（+10分）
2．能正确回答问题，绘图规范标准。（+10分）
3．能正确分析电气原理图。（+10分）
4．能正确安装和调试电气线路。（+30分）</td><td></td><td></td><td></td></tr>
<tr><td colspan="3">得分</td><td></td><td></td><td></td></tr>
<tr><td colspan="3">平均得分</td><td colspan="3"></td></tr>
<tr><td>综合评价</td><td colspan="3">综合得分</td><td colspan="3"></td></tr>
<tr><td colspan="2">班级</td><td></td><td colspan="2">组号</td><td colspan="2"></td></tr>
<tr><td colspan="2">姓名</td><td></td><td colspan="2">评价等级</td><td colspan="2"></td></tr>
<tr><td colspan="2">教师</td><td></td><td colspan="2">评价日期</td><td colspan="2"></td></tr>
</table>

工作任务十　装饰照明线路的安装与检修

【任务目标】

（1）能根据工作任务单，明确工时、工艺要求等。

（2）能根据现场房屋改造要求绘制相应的电气原理图、电气安装接线图、电气施工平面图。

（3）能根据施工图纸，制定工作计划。

（4）能根据任务要求和施工图纸，列举所需工具和材料清单，准备工具，领取材料。

（5）能按照作业规程应用必要的标志和隔离措施，准备现场工作环境。

（6）能按图纸、工艺要求、安装规程要求，进行线管布线施工。

（7）施工后，能按施工任务书的要求进行直观检查。

（8）按电工作业规程，作业完毕后能清点工具、人员，收集剩余材料，清理工程垃圾，拆除防护措施。

（9）能正确填写任务单的验收项目，并交付验收。

（10）工作总结与评价。

【任务难度】

★★★★☆

【建议课时】

36课时。

【工作情境描述】

有一套三的房间，现在根据用电要求进行照明线路的改造，要求用 PVC 管暗敷方式施工，总务处责成维修电工班在 4 天内按照家居用电要求进行线路安装，并配合验收。

【工作流程与活动】

（1）明确工作任务。
（2）施工前的准备。
（3）现场施工。
（4）总结与评价。

学习活动一　明确工作任务

【任务目标】

（1）组长填写任务单。
（2）组员阅读任务单，明确工作任务。
（3）能正确识读电气原理图、接线图、施工图。
（4）回答教材中提出的相关问题。

【学习课时】

2 课时。

【任务准备】

阅读任务单（表 10-1），明确工作任务。

表 10-1　任 务 单

<table>
<tr><td colspan="4">类别：水□　电□　暖□　土建□　其他□</td><td colspan="2">日期：　　年　　月　　日</td></tr>
<tr><td>安装地点</td><td></td><td>编组</td><td></td><td>姓名</td><td></td></tr>
<tr><td>安装任务</td><td colspan="5"></td></tr>
<tr><td>需求原因</td><td colspan="5"></td></tr>
<tr><td>申报时间</td><td></td><td colspan="2">完工时间</td><td colspan="2"></td></tr>
<tr><td>申报单位</td><td colspan="5"></td></tr>
<tr><td>申报人</td><td></td><td colspan="2">申报人电话</td><td colspan="2"></td></tr>
<tr><td>物业负责人</td><td></td><td colspan="2">物业负责人电话</td><td colspan="2"></td></tr>
<tr><td>安装单位</td><td colspan="5"></td></tr>
<tr><td>安装单位负责人</td><td></td><td colspan="2">安装单位电话</td><td colspan="2"></td></tr>
<tr><td>验收意见</td><td></td><td colspan="2">验收人</td><td colspan="2"></td></tr>
</table>

学习活动二　施工前的准备

【任务目标】

（1）画出电气原理图、电气安装接线图和电气施工平面图。
（2）根据现场画出施工图。
（3）根据现场勘察结果和施工图纸，列举所需工具和材料清单。
（4）根据勘察施工现场的结果，制定工作计划。
（5）回答教材中提出的相关问题。

【学习课时】

16 课时。

【任务准备】

一、装饰装修中的照明线路改造

（1）根据房屋结构和设计风格要求，集体讨论照明线路的改造。
（2）根据装修改造要求，绘制家居房装饰照明施工图。

【思考与练习 1】

（一）填空题

（1）配电箱正常运行时可借助____________或__________开关接通或分断电路；故障或不正常运行时借助保护器____________电路或______________，常用于各种发电、配电、变电所中。

（2）配电设备按照结构特征和用途分为：面板式开关柜、防护式（即封闭式）开关柜、抽屉式开关柜、_______________、________________。

（3）低压断路器能对电路或用电设备实现____________、____________、__________或__________等保护。其图形文字符号为___________、_________________。

（4）漏电保护断路器具有______________和____________的双重功能，在设备__________或人身____________时，可以迅速断开线路，保护人身和设备的安全，因此使用广泛。

（5）布线时严禁损伤____________和导线_____________。

（6）导线与接线端子或接线桩连接时，不得压______层、不______及不露铜过长。

（7）一个电气元件接线端子上的连接导线不得多于______根，每节接线端子板上的连接导线一般只允许连接______根。

（8）电能表总线必须________敷设，采用线管安装时，线管也必须明装。导线在进入电能表时，一般以“______________________”原则接线。

（9）强电与弱电插座的水平距离以大于______为宜，如果距离太近，强电对弱电信号产生电磁干扰影响收看效果。

（10）电热器具如电饭煲、电炉、白炽灯等的功率因数可视为______；电冰箱、洗衣机、空调、电风扇等用电动机提供动力的用电器属于电感类设备，功率因数通常按______估算。

（11）机关、学校、企业、住宅建筑物内的插座回路，宾馆、饭店及招待所的客房内插座回路，必须安装______________保护器。

（12）熔断器是一种当电路或电气设备发生_________故障时起保护的低压电器。使用时___________在被保护的电路中，符号为___________。

（二）问答题

（1）漏电保护器动作的可靠性保护试验是怎样做的？

（2）照明供电方式有哪几种？

二、制定工作计划

查阅本次工作任务相关资料，熟悉本次任务实施的基本步骤，根据任务要求，制定小组工作计划（表 10-2）。

表 10-2　工作计划表

“装饰照明线路的安装与检修”工作计划

一、人员分工

1．小组负责人：____________

2．小组成员及分工

姓名	分　工

二、工具及材料清单

序号	工具或材料名称	规格	数量	单位	单价	金额

续表

三、工序及工期安排					
序号		工作内容	完成时间		备注
四、安全措施					

学习活动三　现场施工

【任务目标】

（1）按照作业规程应用必要的标志和隔离措施，准备现场工作环境。

（2）按图纸、工艺要求、安装规程要求进行线管布线施工。

（3）施工后，按要求对线路进行检查与调试。

（4）作业完毕后按电工作业规程清点、整理工具，收集剩余材料，清理工程垃圾，拆除防护措施。

【学习课时】

12 课时。

【现场施工】

根据设计的施工图进行装饰照明线路的安装。

【思考与练习 2】

问答题

（1）室内照明线路安装的基本要求是什么？

（2）叙述装饰装修的一般步骤。

学习活动四　总结与评价

【任务目标】

（1）能以小组形式，对任务和实训成果进行汇报总结。

（2）完成对任务的综合评价。

【学习课时】

6 课时。

【任务总结】

一、工作总结

以小组为单位，选择演示文稿、展板、海报、录像等形式中的一种或几种，向全班展示、汇报学习成果。

二、综合评价（表 10-3）

表 10-3 综 合 评 价

<table>
<tr><td colspan="2">任务分组</td><td>第　　组</td><td colspan="2">教学周</td><td></td></tr>
<tr><td colspan="2">工作任务</td><td colspan="4"></td></tr>
<tr><td colspan="2">实施时间</td><td colspan="4">年　月　日～　年　月　日</td></tr>
<tr><td>评价项目</td><td>评价内容</td><td>评价标准（配分）</td><td>自我评价</td><td>小组评价</td><td>教师评价</td></tr>
<tr><td rowspan="5">职业素养（40 分）</td><td>学习态度</td><td>1. 无旷课（+6 分），无迟到（+2 分），无早退（+2 分）。
2. 积极参与学习活动。（+5 分）</td><td></td><td></td><td></td></tr>
<tr><td>团队合作意识</td><td>1. 沟通能力强、与同学协作融洽、团队意识强。（+5 分）
2. 尊重师长与其他组员，能够很好地交流与合作。（+5 分）
3. 积极参与各项活动、小组讨论、安装等过程。（+5 分）</td><td></td><td></td><td></td></tr>
<tr><td>安全责任意识</td><td>1. 能遵章守纪，严格要求自己，出色完成工作任务。（+5 分）
2. 操作规范，能及时主动地纠正其他同学不正确的操作。（+5 分）</td><td></td><td></td><td></td></tr>
<tr><td colspan="2">得　分</td><td></td><td></td><td></td></tr>
<tr><td colspan="2">平均得分</td><td colspan="3"></td></tr>
<tr><td>评价项目</td><td>评价内容</td><td>评价标准（配分）</td><td>自我评价</td><td>小组评价</td><td>教师评价</td></tr>
<tr><td rowspan="3">职业能力（60 分）</td><td>学习活动</td><td>1. 按时、完整地完成工作任务。（+10 分）
2. 能正确回答问题，绘图规范标准。（+10 分）
3. 能正确分析电气原理图。（+10 分）
4. 能正确安装和调试电气线路。（+30 分）</td><td></td><td></td><td></td></tr>
<tr><td colspan="2">得　分</td><td></td><td></td><td></td></tr>
<tr><td colspan="2">平均得分</td><td colspan="3"></td></tr>
<tr><td>综合评价</td><td colspan="2">综合得分</td><td colspan="3"></td></tr>
<tr><td colspan="2">班　级</td><td></td><td colspan="2">组　号</td><td></td></tr>
<tr><td colspan="2">姓　名</td><td></td><td colspan="2">评价等级</td><td></td></tr>
<tr><td colspan="2">教　师</td><td></td><td colspan="2">评价日期</td><td></td></tr>
</table>

成绩评价方案

一、职业素养评价

考勤记录

项 目：照 明 线 路 安 装 与 检 修			任务（　　）：			
班　级：			年　月　日～　年　月　日			
编　号	姓　名	旷课（节）	迟到（次）	早退（次）	事假（次）	病假（次）

职业素养减分记录

照明线路安装与检修										
班　级：				年　月　日～　　年　月　日						
编　号	姓　名	任务	扣分/次							
			逃避劳动	违反安全要求	着装不规范	非正常使用手机	睡觉	无团队意识	考　勤	
									旷课	迟到
			－3	－2	－2	－2	－2	－5	－3	－1

职业素养加分记录表

照明线路安装与检修									
班级：				年 月 日～ 年 月 日					
编号	姓名	任务（　　）							
		热爱劳动（+3）	课堂纪律好（+2）	着装规范（+2）	团队意识强（+3）	沟通能力强（+2）	总结[文采]（+2）	总结[口才]（+2）	综合得分

二、职业能力评价

作图项加分记录表

照明线路安装与检修							
班级：				年 月 日～ 年 月 日			
得分							
编号	姓名	任务（ ）			任务（ ）		
		电气原理图	安装接线图	施工平面图	电气原理图	安装接线图	施工平面图

任务项记分（1）

照明线路安装与检修							
班　级：				年　月　日～　年　月　日			
任务得分							
编　号	姓　名	任务一	任务二	任务三	任务四	任务五	任务六

任务项记分（2）

照明线路安装与检修							
年　　月　　日～　　　年　　月　　日							
任务得分							
编　号	姓　名	任务七	任务八	任务九	分析解答能力	总评得分	备注

三、期末成绩评价

成绩单

照明线路安装与检修				
班　级：			年　月　日～　年　月　日	
编　号	姓　名	职业素养（40%）	职业能力（60%）	成　绩

知识链接

☆模块一　交流电

根据电源性质的不同，电分为交流电和直流电两种。交流电又分为单相交流电和三相交流电。照明电路均采用单相交流电。在交流电中，人们将那种按正弦函数变化的交变电流叫作正弦交流电，将那种不按正弦函数变化的交变电流叫作非正弦交流电。

一、单相交流电

所谓单相交流电，就是指由一根相线所形成的交变电流。通常我们常用到的单相交流电均是指按正弦函数变化的交流电，如图☆1-1 所示。

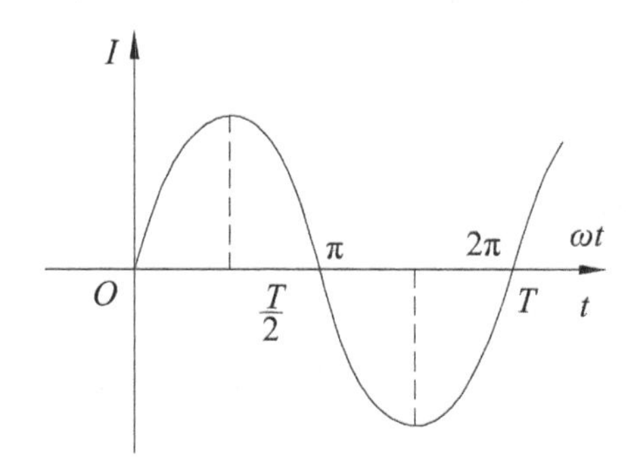

图☆1-1　单相交流电波形图

1. 交流电的三要素

最大值、初相、角频率称为正弦交流电的三要素。

（1）最大值（I_m、U_m、E_m）。

正弦交流电瞬时值表达式：

$$e = E_m \sin(\omega t + \phi_0)$$

$$u = U_m \sin(\omega t + \phi_0)$$

$$i = I_m \sin(\omega t + \phi_0)$$

（2）初相（ϕ_0）。

在交流电解析式中，正弦符号后面相当于角度的量（$\omega t + \phi_0$）称为交流电的相位，又称相角。它反映了交流电任一瞬间所处的状态。

ϕ_0是正弦量在 $t = 0$ 计时起点时的相位，叫初相位。它反映了交流电起始时刻的状态。图☆1-2 反映了初相位分别为 $\phi_0 = 0$、$\phi_0 > 0$、$\phi_0 < 0$ 的单相交流初始状态。

（3）角频率（ω）。

角频率是指交流电每秒钟变化的电角度，叫作交流电的角频率。

角频率是描述正弦交流电变化快慢的物理量。

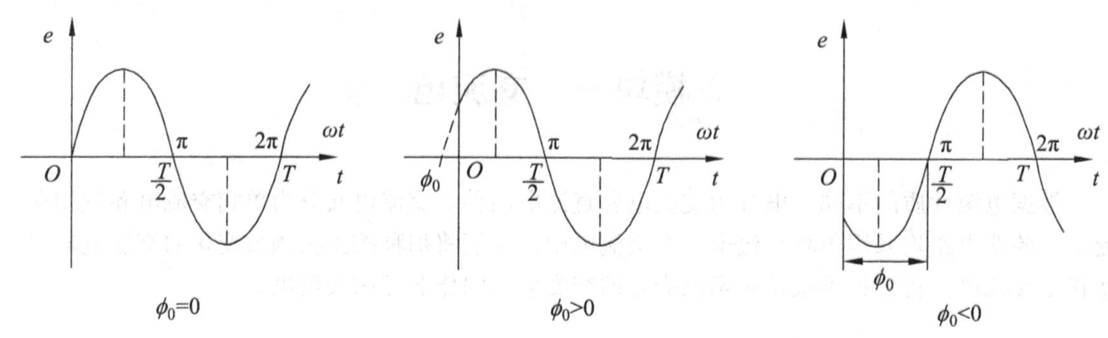

图☆1-2　三种不同初相位的单相正弦波形图

周期和频率也是交流电的两个重要概念。所谓周期，就是指交流电完成一次周期性变化所需的时间，用字母“T”表示，单位是秒（s）。交流电在 1 s 内完成周期性变化的次数，称为交流电的频率，用字母“f”表示，单位是赫兹（Hz），简称赫。

关系式：$T = \dfrac{1}{f}$

$$\omega = \frac{2\pi}{T} = 2\pi f$$

2. 瞬时值、最大值与有效值

交流电的瞬时值、最大值与有效值从不同的方面表达了交流电的大小。

（1）瞬时值。

正弦交流电在任一瞬间的值称为瞬时值，用小写字母来表示，如 i、u、e 分别表示电流、电压、电动势的瞬时值。

（2）最大值（幅值）。

瞬时值中最大的值称为幅值或最大值，用带下标 m 的大写字母来表示，如 I_m、U_m、E_m 分别表示电流、电压、电动势的幅值。

（3）有效值。

交流电的有效值是根据电流的热效应来规定的。

在工程应用中通常用有效值表示交流电的大小。

常用交流电压、电流的读数，就是被测物理量的有效值，比如我们日常使用的交流电压，其有效值为 220 V。

正弦交流电最大值与有效值之间的关系：

$$E = \frac{E_m}{\sqrt{2}} = 0.707E_m \qquad U = \frac{U_m}{\sqrt{2}} = 0.707U_m \qquad I = \frac{I_m}{\sqrt{2}} = 0.707I_m$$

3. 相位、初相位和相位差

设两个同频率的正弦交流电

$$u = U_{\mathrm{m}} \sin(\omega t + \phi_u)$$

$$i = I_{\mathrm{m}} \sin(\omega t + \phi_i)$$

式中：$(\omega t + \phi_u)$ 是电压 u 的相位；

$(\omega t + \phi_i)$ 是电流 i 的相位。

两个同频率正弦量的相位之差，叫作它们的相位差，用ϕ表示。因此电压 u 和电流 i 的相位差为

$$\phi = (\omega t + \phi_u) - (\omega t + \phi_i) = \phi_u - \phi_i$$

由此可见：两个同频率正弦量的相位差等于它们的初相位之差，是个常量，不随时间而改变。相位差是描述同频率正弦量相互关系的重要特征，它反映了两个同频率正弦量变化的步调。

4. 电能与电功率

所谓电能，就是指导体中的自由电子在电场力的作用下从一点移动到另一点，电场力对电荷 q 所做的功，即电器所消耗的电能。其计量仪表称为电度表。

$$W = Uq$$

由于： $q = It$

代入上式得：$W = UIt$ …………………………………………………………………（☆1-1）

在国际单位制中：电能 W 单位是焦耳（J）；

电压 U 单位是伏特（V）；

电流 I 单位是安培（A）；

时间 t 单位是秒（s）。

在实际应用中，电能的另一个常用单位是千瓦时（kW·h），1 kW·h 就是我们常说的 1 度电。

$$1\text{度} = 1\ \mathrm{kW \cdot h} = 3.6 \times 10^6\ \mathrm{J}$$

电器消耗电能转化为其他形式能量的过程，就是电流做功的过程。电器消耗电能的大小与工作时间成正比。

【例题】 一台 25 in（1 in = 25.4 mm）彩电的额定功率是 120 W，每千瓦时的电费为 0.45 元，共计工作 5 h，电费为多少？

解：电费 = 千瓦数 × 用电小时数 × 每千瓦时费用

= 0.12 × 5 × 0.45 元

= 0.27 元

电功率是衡量电能转换为其他形式能量速率的物理量，即等于单位时间内电流所做的功，用字母“P”表示：

由于 $W = IUt$，代入上式得：

$$P = IU$$

此式也说明电流在 1 s 内所做的功为 1 J，则电功率就是 1 W。

二、三相交流电

三相交流电是由三相交流发电机产生，并在相位上相差 120°电角度的三个相线所组成的，如图☆1-3 所示。

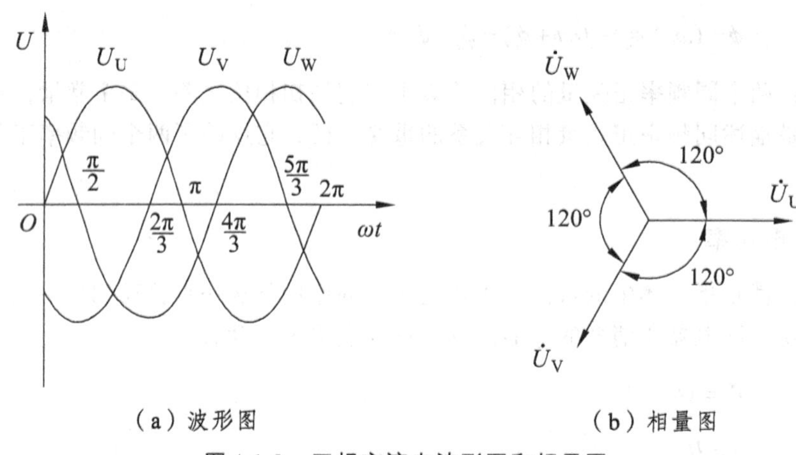

（a）波形图　　（b）相量图

图☆1-3　三相交流电波形图和相量图

把三相电源的三个绕组的末端连接成一个公共点 N，由三个始端分别引出三根导线 L_1、L_2、L_3 向负载供电的连接方式称为星形（Y）连接，如图☆1-3（a）所示。

由三根相线（火线）和一根零线（中线）组成的三相供电系统称为三相四线制系统。有时为简化线路图，常省略三相电源不画，只标相线和零线符号，如图☆1-3（b）所示。相线与相线之间的电压叫线电压。相线与零线之间的电压叫相电压。

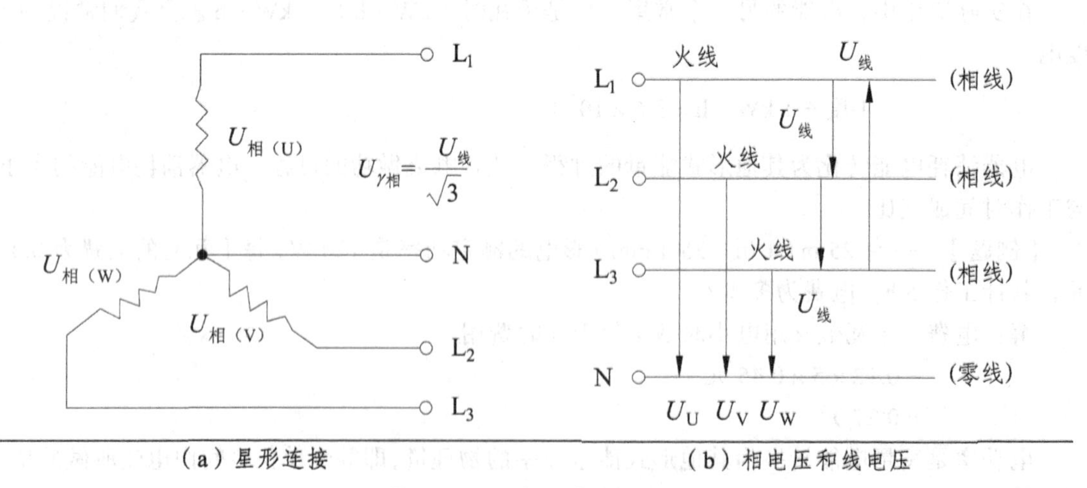

（a）星形连接　　（b）相电压和线电压

图☆1-3　三相四线制电源

我们将三相电压到达正或负的最大值的先后顺序称为相序。根据相序的先后顺序的不同，有正相序与负相序之分。通常规定黄色为 U 相、绿色为 V 相、红色为 W 相。

☆模块二　安全用电常识

所谓安全用电，就是指电气工作人员及其他人员在既定的环境条件下，采取必要的措施和手段，在保证“人身”和“设备”安全的前提下，正确地使用电力。安全用电首先要保证人身安全。

一、认识触电对人的影响

所谓触电，就是指当人体与带电体接触时，有电流通过人体形成回路的状况。当人体触摸到导电体时，若无电流从人体中通过，虽然触摸到了带电体，人依然是安全的。如果在没有防护的情况下，触摸的是高压电，人体也将发生触电事故。电流对触电者的危险程度与很多因素有关，而这些因素又是互相关联的，只要某种因素突出到相当程度，就会使触电者达到危险程度。通常这些因素有：电流的大小、途径、频率、种类、触电的时间、人体电阻、个体特征等。

不同电流对人的影响情况大致归纳如下：

（1）0.5 mA 以下交流电无感知，2 mA 以下直流电无感知。

（2）感知电流：成年男性 1 mA；成年女性 0.7 mA。

（3）摆脱电流：10 mA（成年男性 9 mA；成年女性 6 mA）。

（4）室颤电流 50 mA（通电时间在 1 s 以上时）[最小致命电流]。

（5）电流达到 100 mA 以上时，可在极短时间内使人失去知觉而导致死亡。

（6）安全电流：5 mA、10 mA、30 mA（根据环境因素来确定）。

（7）安全电压：36 V 及以下。

（8）50 ~ 60 Hz 的工频交流电对人体的伤害最严重；低于 20 Hz 的交流电危险性相对减小；2 000 Hz 以上高频交流电危险性降低，但容易引起皮肤灼伤。

（9）直流电击危险性比交流电击小很多；但直流电弧由于没有交流电弧过零熄灭的特点，对电气作业人员的电伤威胁更大。

综上可见，电流通过人体是造成触电事故的条件之一，但不是唯一条件，它还受到很多因素的影响。

触电对人体的伤害可分为电伤和电击两种情况。电伤是电流对人体外部造成的局部损伤。

从危害性来看，电伤一般有电弧烧伤、电的烙印和熔化的金属渗入皮肤（称皮肤金属化）等伤害。电击是电流通过人体时，使人的内部组织受到较为严重的损伤。电击会使人觉得全身发热、发麻，肌肉发生不由自主地抽搐，逐渐失去知觉，甚至呼吸停止，心脏活动停顿。由上可见，“电击”比“电伤”对人造成的伤害更严重！

二、触电的形式

（一）低压触电的两种形式

1. 单相触电

如图☆2-1 所示，单相触电是指站在地上的人触到火线，则电流由火线进入人体到地，经地线形成回路，造成的触电事故，即电流从一根相线经过电气设备和人体，再经大地流到中性点的触电方式，此时加在人体上的电压是相电压。

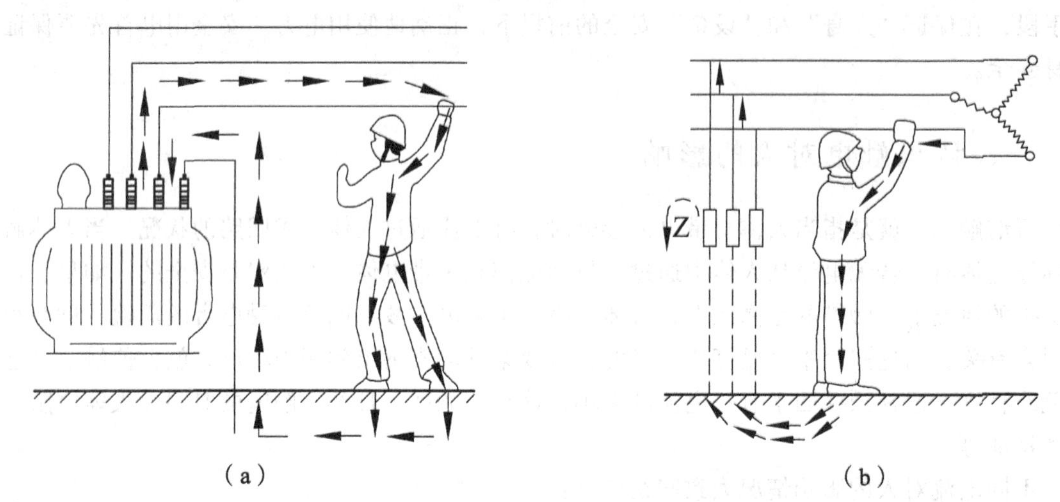

图☆2-1　变压器低压中性点接地的单相触电

2. 两相触电

如图☆2-2 所示，两相触电是指站在绝缘体上的人若同时触到两根电线时，电流将由火线进入人体到另一根线（零线）而形成回路，造成触电事故，即人体同时触及两根相线而发生的触电方式。这种触电方式非常危险！操作者即使穿着绝缘鞋或站在绝缘台上也起不到保护作用。

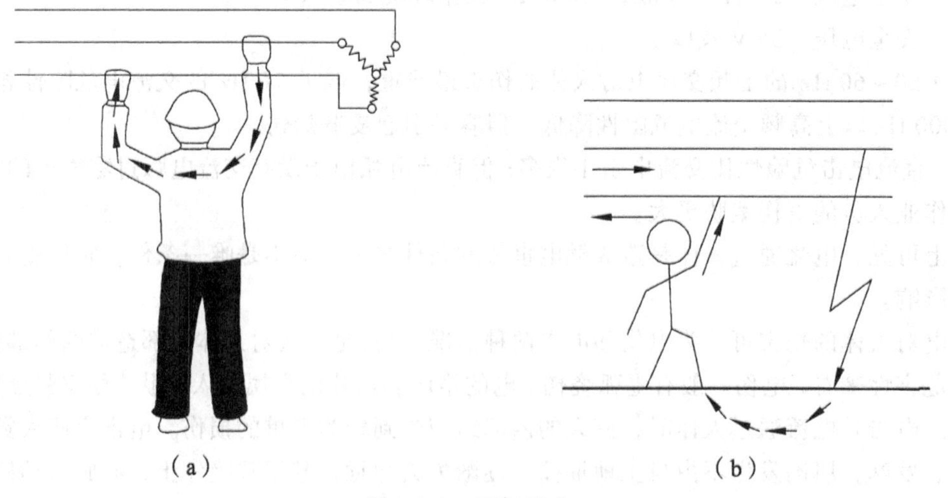

图☆2-2　两相触电

在图（a）的情况下，操作者即使穿着绝缘鞋或站在绝缘台上也起不到保护作用！

在图（b）的情况下，操作者穿着绝缘鞋或站在绝缘台上可起到保护作用！

（二）高压触电的两种形式

1. 电弧触电

当人体靠近高压带电体到一定距离时，高压带电体和人体之间会发生放电现象。这时有电流通过人体，造成高压电弧触电。

2. 跨步电压触电

如图☆2-3 所示，高压输电线落在地面上，在接触接地点 20 m 内，两脚之间出现的电位差即为跨步电压；由此造成的触电称为跨步电压触电。因此，为了安全，最好不要靠近高压带电体。

图☆2-3　跨步电压触电

三、触电的急救

在工作与生活中，当遇到触电事故的时候，掌握急救的步骤和方法非常关键。其要点是在保证救护者本身安全的同时，必须首先设法使触电者迅速脱离电源，然后再对触电者实施现场救护。

（一）使触电者脱离低压电源的方法

（1）拉：就近拉开电源开关。

（2）切：用带绝缘柄的利器切断电源线。

（3）挑：用干燥的木棒、竹竿等挑开触电者身上或压在身下的导线。

（4）拽：救护人戴上绝缘手套拖拽触电者，使其脱离电源。

（5）垫：如果触电者由于痉挛，手指或导线缠绕在身上，救护人可先用干燥的木板塞进触电者身下。

脱离低压电源的方法可概括为：拉、切、挑、拽、垫。

（二）使触电者脱离高压电源的方法

由于装置的电压等级高，一般绝缘物品不能保证救护人员的安全，而且高压电源开关距离现场较远，不便拉闸。因此，使触电者脱离高压电源的方法与脱离低压电源的方法有所不同。

脱离高压电源的方法如下：

（1）立即电话通知有关供电部门拉闸停电。

（2）如电源开关位置不远，可戴上绝缘手套、穿上绝缘靴，拉开高压断路器或用绝缘棒拉开高压跌落保险。

（3）将软导线的一端先固定在铁塔或接地引下线上，然后往架空线抛挂裸金属软导线造成短路，从而迫使保护装置动作，使电源开关跳闸。

（4）如果触电者触及的是断落在地上的高压线，在尚未确认无电之前，救护人员不进入 20 m 的范围内，以防止跨步电压触电；若进入，则应穿上绝缘靴或双脚并拢跳跃地接近触电者。

（三）使触电者脱离电源时还应注意的事项

（1）救护人不得采用金属和其他潮湿的物品作为救护工具。

（2）未采取绝缘措施前，救护人不得直接触及触电者。

（3）在拉拽触电者脱离电源的过程中，救护人宜用单手操作，这样对救护人比较安全。

（4）当触电者位于高位时，应采取措施预防触电者在脱离电源后坠地摔伤或摔死。

（5）夜间发生触电事故时，应考虑切断电源后的临时照明问题，以利救护。

（四）现场救护

根据触电者受伤害的轻重程度，现场救护措施有三种情况：

（1）触电者未失去知觉的救护措施：让触电者平躺在硬质木板上静卧休息，保持通风暖和，最好送医院诊治，并观察 48 h，以防出现心脏延迟反应。

（2）触电者已经失去知觉但心、肺正常的抢救措施：让触电者平躺在硬质木板上，解开衣服，保持通风暖和，并及时拨打 120，注意观察，随时做好急救准备（若发现触电者呼吸困难或心跳失常，应立即施行人工呼吸和胸外心脏按压），直到 120 急救人员到达。

（3）对“假死”者的急救措施：将触电者平躺在硬质木板上，解开衣服，保持通风暖和，即时拨打 120，并立即施行人工呼吸和胸外心脏按压，直到 120 急救人员到达。

（五）胸外心脏按压和人工呼吸的方法

（1）将触电者头、身、脚摆成一条直线平躺在硬质木板上，解开衣服，保持通风暖和。

（2）急救人员将左手放在触电者胸部按压部位，右手放在左手上十指抬起或将右手交叉抬起十指进行按压。按压时将手臂伸直，要用肩力量进行按压，按压力量以相当于触电者体重的 40%的力度为宜，以每分钟 100 次，连续按压 15 次然后进行 2 次口对口人工呼吸。

（3）口对口人工呼吸的方法：将左手伸入触电者颈后，另一只手放在前额向下压并用左手将颈部托起使气道畅通同时捏住鼻孔，急救人员深吸一口气，与触电者口对口将气缓慢吹入，速度为 2 s 一次。吹入后，放开鼻孔，观察浮起的胸脯自动回缩，然后再重复一次，紧接着重复以下的胸部按压。如此循环，以 15：2 操作，直至急救人员赶到现场。

四、防止触电所采取的措施

（一）绝缘防护

绝缘防护是指使用绝缘材料将带电导体封护或隔离起来，使电气设备及线路能正常工作，防止人身触电。

（二）屏护、间距

采用屏护措施将带电体间隔起来，可以有效地防止工作人员触及或过分接近带电体而遭受电击或电伤危险。凡高压变配电装置都必须有遮栏、栅栏和围墙等屏护措施。操作人员与带电体之间必须保持最小间距。

（三）安全标志

安全标志是指在有触电危险或容易产生误判断的地方，以及存在不安全因素的现场，设置的醒目的文字或图形标志。其设置目的是提示人们识别、警惕危险因素，防止人们偶然触及或过分接近带电体而触电。

（四）保护接地与保护接零

（1）保护接地：在中性线不接地电网中，如图☆2-4 所示，电气设备外壳通过独立的接地线与接地体连接，接地后外壳与零线无连接。

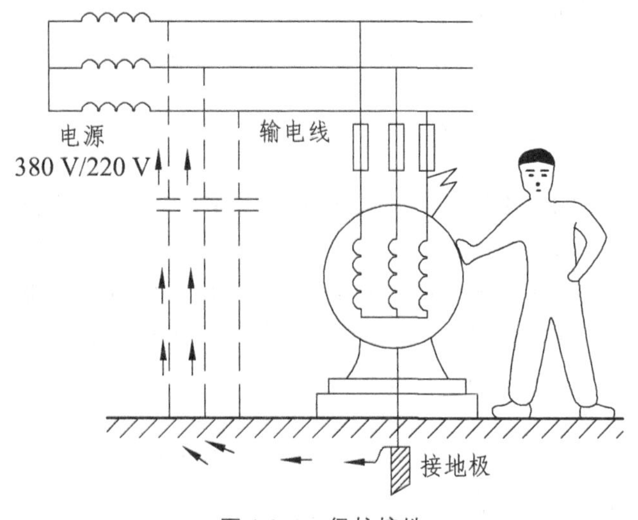

图☆2-4 保护接地

（2）保护接零：在低压电网中性点直接接地的系统中，电气设备的外壳与电网中的零线连接。

（五）安全电压

安全电压是为防止触电事故而采用的由特定电源供电的电压系列。

凡高度不足 2.5 m 的照明装置、机床局部照明灯具、移动行灯、手持电动工具以及潮湿场所的电气设备，其安全电压可采用 36 V。

（六）漏电保护器

漏电保护器是当电气设备漏电、短路或当人碰触带电体时，能在 0.1 s 内切断电源的设备，可减轻电流对人体的伤害。

五、发生触电事故的主要因素及安全用电基本原则

（一）常见发生触电事故的主要因素

（1）缺乏电器安全知识：在高压线附近放风筝，爬上高压电杆掏鸟巢；低压架空线路断线后不停电用手去拾火线；黑夜带电接线手摸带电体；用手摸破损的胶盖刀闸。

（2）违反操作规程：带电连接线路或电器设备而又未采取必要的安全措施；触及破坏的设备或导线；误登带电设备；带电接照明灯具；带电修理电动工具；带电移动电气设备；用湿手拧灯泡；等。

（3）设备不合格，安全距离不够：二线一地制接地电阻过大；接地线不合格或接地线断开；绝缘破坏，导线裸露在外；等。

（4）设备失修：大风刮断线路或刮倒电杆未及时修理；胶盖刀闸的胶木损坏未及时更改；电动机导线破损，使外壳长期带电；瓷瓶破坏，使相线与拉线短接，设备外壳带电。

（5）其他偶然原因：如夜间行走触碰断落在地面的带电导线。

（二）安全用电基本原则

（1）不接触高于 36 V 的低压带电体，不靠近高压带电体。

（2）警惕不应该带电的物体带了电和本来应该绝缘的物体导了电。

（3）必须是有关部门核准的电工，才有检查维修用电线路的资格。排除一般的电路故障，如更换保险丝等，必须由有电学知识和一定操作经验的人进行。

（4）定期检查电线、开关、电灯口及用电器的插头、引线，若有老化破损，必须及时更换。

（5）不超负荷用电，否则会使线路中电流长期超过其安全载流量，造成电线过热损坏绝缘层，从而造成触电事故。

（6）不用湿手扳开关，插入或拔出插头。

（7）安装、检修电器应穿绝缘鞋，站在绝缘体上，且要切断电源。

（8）禁止用铜丝代替保险丝，禁止用橡胶胶带代替电工绝缘胶布。

（9）在电路中安装触电保护器，并定期检验其灵敏度。

（10）下雷雨时，不使用收音机、录像机、电视机且拔出电源插头，拔出电视机天线插头。暂时不使用电话。

（11）严禁私拉乱接电线，禁止学生在寝室使用电炉、“热得快”等电器。

（12）不在架着电缆、电线的下面放风筝和进行球类活动。

六、接地装置

为了保证系统中各个环节的电气设备、装置和人员的安全，需要安装接地装置，这样可以利用大地作为电力系统发生故障和遭受雷击等情况下电流的回路。电力系统中电气设备或装置的某一点（接地点）与大地之间用导体进行可靠又符合技术要求的电气连接称为接地，如图☆2-5 所示。为达到接地技术要求，原则上接地装置进入地后电阻越小越好，考虑到经济合理，接地电阻以不超过规定的数值为准。具体要求是：避雷针和避雷线单独使用时的接地电阻小于 10 Ω；配电变压器低压侧中性线接地电阻应在 0.5 ~ 10 Ω；保护接地的接地电阻应不大于 4 Ω。多个设备共用一副接地装置时，接地电阻应以要求最高的为准。

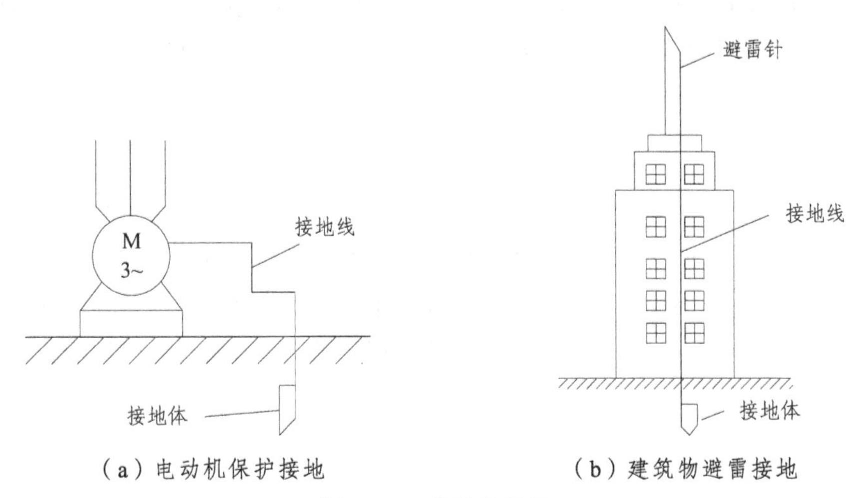

（a）电动机保护接地　　（b）建筑物避雷接地

图☆2-5　接地示意图

1. 接地的分类

接地主要有工作接、保护接地、防雷及过电压接地和防静电接地等。在电力系统中，应用得最多的是工作接地、保护接地和保护接零。

（1）工作接地。

工作接地是指为了保证电气设备的可靠运行，将电力系统中的变压器低压侧中性点接地的方法。

（2）保护接地和保护接零。

保护接地是指为防止电气设备外壳带电造成事故，将电气设备的金属外壳与接地用导线连接起来的方法，如图☆2-6 所示。保护接零是指为防止电气设备外壳带电造成事故，将电气设备的金属外壳与电源的中性线用导线连接起来的方法，如图☆2-7 所示。（注意：接地和接零不能混用。）

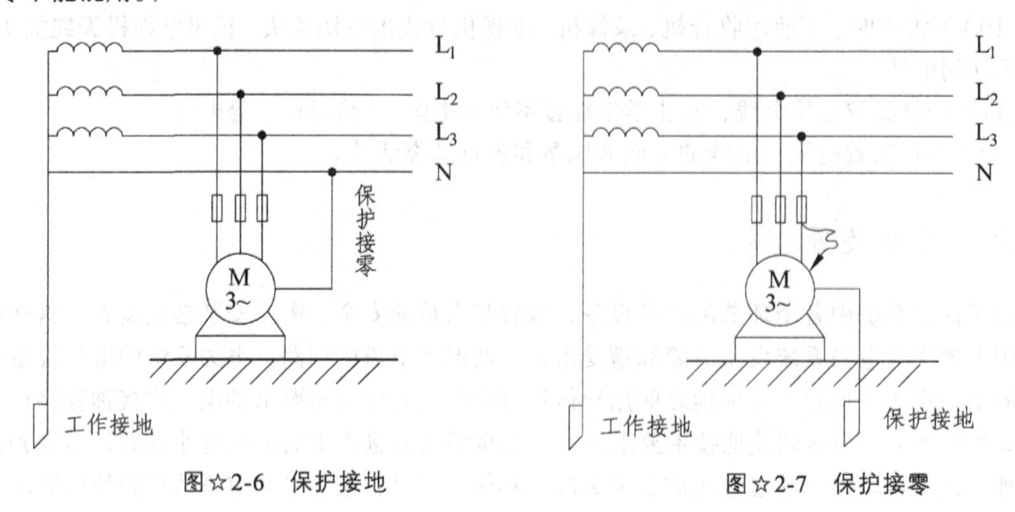

图☆2-6 保护接地

图☆2-7 保护接零

2. 接地体和接地电阻

接地体是指埋入地中并直接接触大地的金属导体。接地电阻是指人工或自然接地体的对地电阻与接地线电阻的总和。接地电阻值的大小决定于接体表面积的大小和接体的安装质量。

3. 重复接地

重复接地是指除变压器低压侧中性点接地外，零线上的一处或多处再行埋入接地体的方式。这种接地体如图☆2-8 所示，在采用保护接零的系统中，如果中性线在一处中断，若该处有一台设备外壳带电，短路电流与电源中性线构不成回路，就会造成该处以外的全部设备外壳带电，将威胁人身安全。为了避免这种危险，可以采用重复接地的保护措施结构，如图☆2-9 所示。

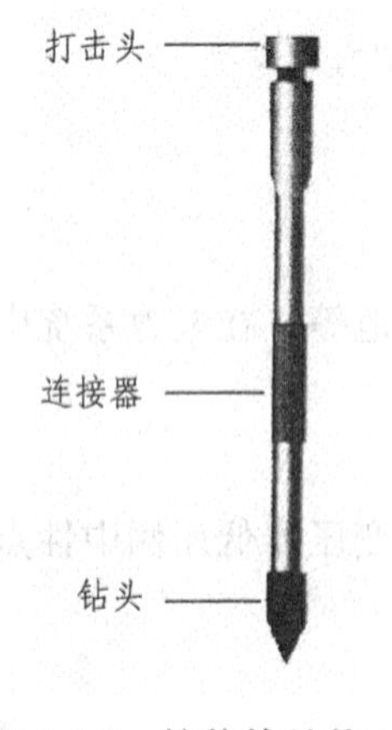

图☆2-8 棒状接地体

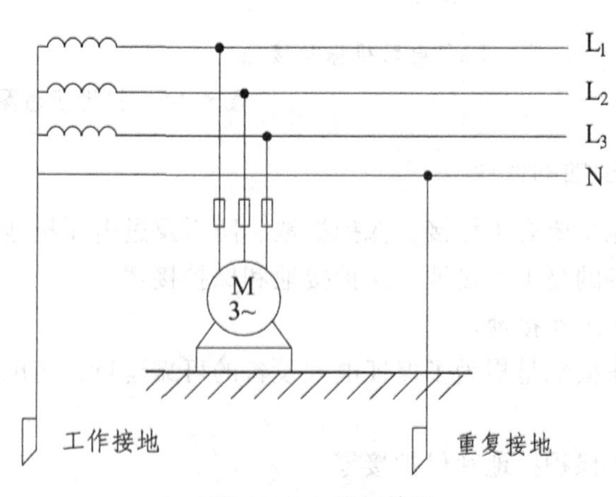

图☆2-9 重复接地

七、低压配电系统

根据现行的国家标准《低压配电设计规范》（GB 50054—2011）的定义，低压配电系统分为三种，即 TN、TT、IT 三种形式。

T：电源变压器中性点直接接地（第一个字母 T）；

T：电气设备的外壳直接接地，但和电网的接地系统没有联系（第二个字母 T）；

N：电气设备的外壳与系统的接地中性线相连；

I：电源变压器中性点不接地（或通过高阻抗接地）。

TT 系统：电源变压器中性点接地，电气设备外壳采用保护接地；

TN 系统：电源变压器中性点接地，设备外露部分与中性线相连；

IT 系统：电源变压器中性点不接地（或通过高阻抗接地），而电气设备外壳采用保护接地。

（一）TT 供电系统

TT 供电系统即电源中性点直接接地，电气设备的外露导电部分用 PE 线接到接地极（此接地极与中性点接地没有电气联系）。在采用此系统保护时，当一个设备发生漏电故障时，设备金属外壳所带的故障电压较大，而电流较小，不利于保护开关的动作，对人和设备有危害，如图☆2-10 所示。

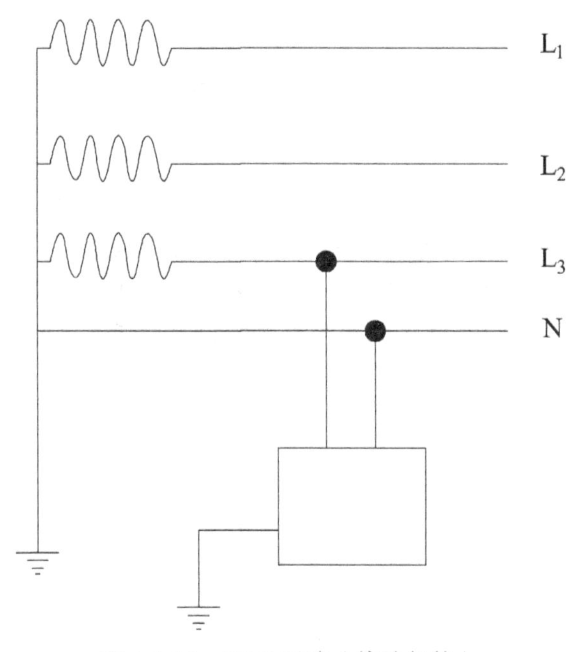

图☆2-10　TT-C 系统（接地保护）

TT 系统在国外被广泛应用，在国内仅限于局部对接地要求高的电子设备场合使用，目前在施工现场一般不采用此系统。但如果是公用变压器，而有其他使用者使用的是 TT 系统，则施工现场也应采用此系统。

（二）TN 系统

电力系统的电源变压器的中性点接地，根据电气设备外露导电部分与系统连接的不同方式又可分三类，即 TN-C 系统、TN-S 系统、TN-C-S 系统。下面分别进行介绍。

1. TN-C 系统

TN-C 系统的特点是：电源变压器中性点接地，保护零线（PE）与工作零线（N）共用，如图☆2-11 所示。

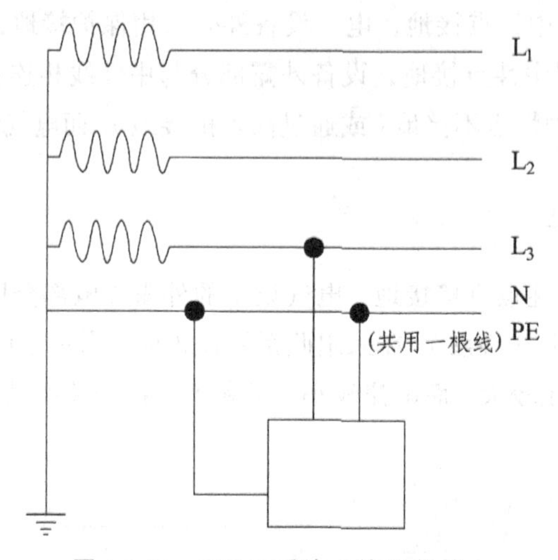

图☆2-11　TN-C 系统（接零保护）

2. TN-S 系统

TN-S 系统的特点是：整个系统的中性线（N）与保护线（PE）是分开的，如图☆2-12 所示。安装此系统需要注意的是：电气控制柜中最好不要引入中线，使用中线时必须予以明确的标志，通常在安装图、电路图及接线端子上；不允许中线与地线连接到电气柜的内部，也不允许共用一个端子 PEN（PF 与 N 短接的端子称 PEN 端子）。

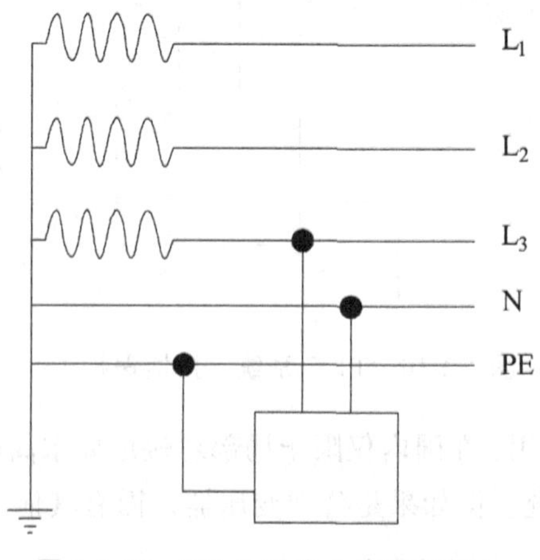

图☆2-12　TN-S 系统（接零保护）

3. IT 系统

电力系统的带电部分与大地间无直接连接（或经电阻接地），而受电设备的外露导电部分则通过保护线直接接地。

这种系统主要用于 10 kV 及 35 kV 的高压系统和矿山、井下的某些低压供电系统，不适合在机床控制中应用。

住房和城乡建设部新颁发的《建筑施工安全检查标准》（JGJ 59—2011）规定：施工现场专用的中性点直接接地的电力系统中必须采用 TN-S 接零保护系统。因此，TN-S 接零保护系统在施工现场中得到了广泛的应用，但如果 PE 线发生断裂或与电气设备未做好电气连接，重复接地阻值达不到安全的要求，也同样会发生触电事故。为了提高 TN-S 接零保护系统的安全性，在此提出等电位联结概念。所谓等电位联结，是将电气设备外露可导电部分与系统外可导电部分（如混凝土中的主筋、各种金属管道等）通过保护零线（PE 线）作实质上的电气连接，使二者的电位趋于相等。应注意差异，即等电位联结线正常时无电流通过，只传递电位，故障时才有电流通过。等电位联结的作用：

（1）总等电位联结能降低预期接触电压。

（2）总等电位联结能消除装置外沿 PE 线传导故障电压带来的电击危险。因此施工现场也应逐步推广该技术。当然，无论采取何种接地形式都绝不是万无一失、绝对安全的。施工现场临时用电必须严格按《施工现场临时用电安全技术规范》（JGJ 46—2005）规范要求进行系统的设置和漏电保护器的使用，严格履行施工用电设计、验收制度，规范管理，才能杜绝事故的发生。

☆模块三　常用电工工具及仪表

一、常用电工工具

电工在安装和维修各种供配电线路、电气设备时，都离不开正确使用各种电工工具。电工工具按其使用范围可分为三大类：电气安全工具、通电电工工具和专用电工工具。

（一）电气安全防护用品及常用标志

为防止电气工作人员作业中发生人身触电、高处坠落、电弧灼伤等伤害事故，保障工作人员人身安全的各种专用工具和用具，统称为电气安全工具。

1. 绝缘手套

绝缘手套是在高压设备上进行操作时的辅助安全用具，如图☆3-1 所示，也是在低压设备上带电部分工作时的基本安全用具。它是用特种橡胶制成的，有 12 kV 绝缘手套和 5 kV 绝缘手套两种，都是以试验电压的数值而命名的。

图☆3-1　绝缘手套

使用绝缘手套时应注意以下事项：

（1）使用前须先检查，将手套朝手指方向卷曲，检查有无漏气或裂口等，如图☆3-2 所示。如有漏气或裂口，则不能使用。

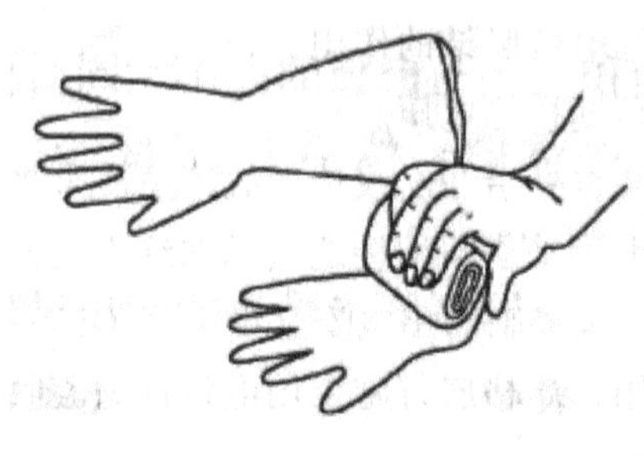

图☆3-2　绝缘手套在使用前的检查

（2）戴手套时应将外衣袖口放入手套的伸长部分内。使用时注意手套不可让利器割伤，也不可触及酸、碱、盐类及其他化学物品和各种油类，以免损坏绝缘。

（3）绝缘手套使用后必须擦干净，放在专门的柜子里，切不可乱丢乱放，也不可与其他工具、杂物堆放在一起，以免手套被损伤。

2. 绝缘靴（鞋）

绝缘靴（鞋）是在任何电压等级的电气设备上工作时用来与地保持绝缘的辅助安全用具，也是防护跨步电压的基本保安用具。绝缘靴、绝缘鞋的式样如图☆3-3 所示。

绝缘靴　　绝缘鞋

图☆3-3　绝缘靴（鞋）

使用绝缘靴时应注意以下事项：

（1）绝缘靴应放在专门的柜子里，并与其他工具分开放置，切不可乱丢乱放，严禁当雨鞋使用。

（2）穿靴时应将裤管放入靴内。使用时应注意不可让利物割伤，也不可接触酸、碱、盐类及其他化学物品和各种油类，以免损坏绝缘。

（3）绝缘鞋的使用期限，制造厂规定以大底磨光为止，即当大底露出黄色面胶（即绝缘层）时绝缘鞋就不适合在电气作业中使用了。

3. 绝缘台、绝缘垫、绝缘毯

绝缘台、绝缘垫和绝缘毯均系辅助安全用具，具有较大体积电阻率和耐电击穿的胶垫，如图☆3-4所示，用于配电等工作场合的台面或铺地绝缘材料。

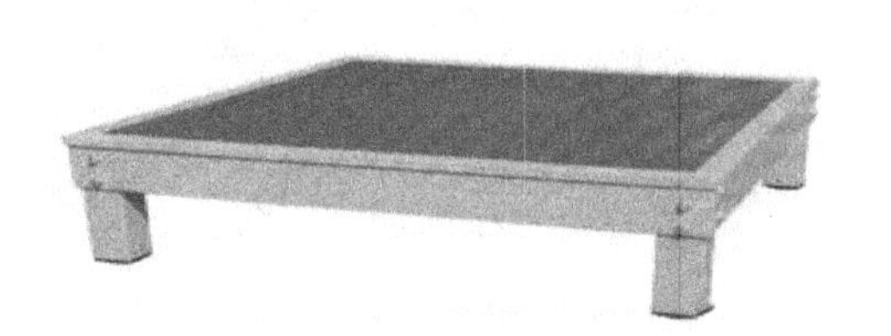

图☆3-4　绝缘台、绝缘垫、绝缘毯

使用绝缘台等时应注意以下事项：

（1）在使用前要做好检查，如垫子有无破损情况。

（2）在使用过程中，应保持绝缘垫干燥、清洁，注意防止与酸、碱及各种油类物质接触，以免受腐蚀后老化、龟裂或变黏，降低其绝缘性能。

（3）绝缘胶垫在使用完毕后要进行保养，尽量避免放在露天下，延长它的使用寿命。

4. 标志牌

常用的标志有禁止标志、警告标志、指令标志、提示标志、明示标志等。

（1）安全色。

安全色是用来表达禁止、警告、指示等安全信息的颜色。

其作用是使人们能够迅速发现和分辨安全标志，提醒人们注意安全，以防止发生事故。

我国安全色的标准规定红、黄、蓝、绿四种颜色为安全色。

① 红色。

其含义是禁止、停止，用于禁止标志。

红色还表示停止信号，机器、车辆上的紧急停止手柄或按钮以及禁止人们触动的部位通常用红色，同时也表示红色防火。

② 蓝色。

蓝色表示指令、必须遵守的规定。指令标志：如必须佩戴个人防护用具，道路上指引车辆和行人行进方向的指令等。

③ 黄色。

黄色的含义是警告和注意，如危险的机械、警戒线、行车道中线、安全帽等。

④ 绿色。

绿色的含义是提示，表示安全状态或可以通行。车间内的安全通道、行人和车辆通行标志、消防设备和其他安全防护设备的位置表示都用绿色。

（2）对比色。

对比色能够使安全色更加醒目。红色和白色、黄色和黑色间隔条纹，如图☆3-5 所示，是两种较醒目的标志。红色和白色间隔条纹表示禁止越过，如交通、道路上的防护栏杆。黄色和黑色间隔条纹表示警告、危险，如工矿企业内部的防护栏杆、吊车吊钩的滑轮架、铁路与道路交叉道口上的防护栏杆。

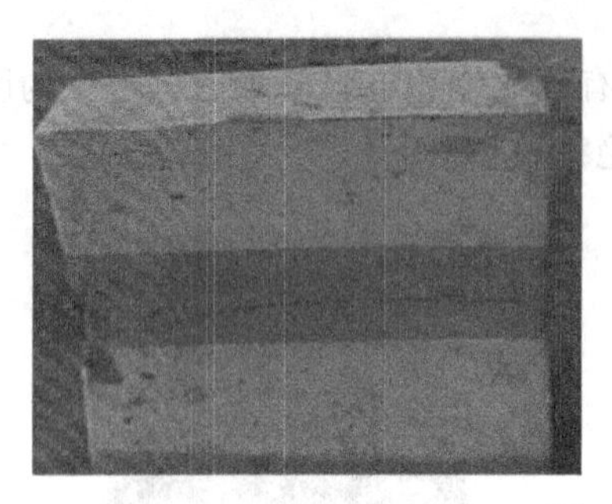

图☆3-5　对比色标志

（3）安全标志。

① 禁止标志：含义是禁止或制止人们的某种行为，基本形状为圆圈，颜色为白底、红圆圈、红斜杠、黑图形符号，如图☆3-6 所示。

图☆3-6　禁止标志

② 警告标志：含义是警告人们注意可能发生的危险。基本形状为正三角形，颜色为黄底、黑边、黑图形符号，如图☆3-7 所示。

图☆3-7　警告和注意标志

③ 指令标志：含义是指示人们必须遵守某种规定。基本形状为圆形，颜色为蓝底、白色图形符号，如图☆3-8 所示。

图☆3-8　指令标志

④ 路牌、名牌、提示标志：含义是告诉人们目标的方向、地点。基本形状是长方形，颜色为绿底、白图案，白字或黑字，如图☆3-9 所示。

图☆3-9　提示标志

⑤ 指导标志：含义是提高人们安全生产意识和劳动卫生意识。基本形状为长方形，颜色为白底、绿图形符号、绿字。

（二）通用电工工具

1. 试电笔

试电笔也叫测电笔，简称“电笔”，如图☆3-10 所示，是检验低压导线和电气设备是否带电的一种电工常用检测工具。

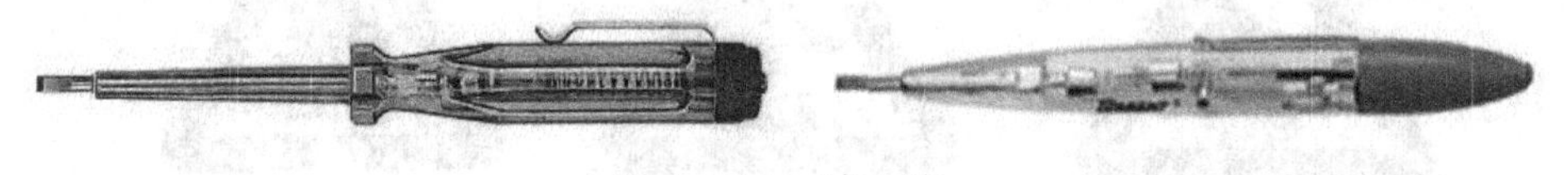

图☆3-10 试电笔

（1）旋具式试电笔。

旋具式试电笔检测电压范围一般为 60 ~ 500 V，常做成钢笔式或改锥式，如图☆3-11 所示。

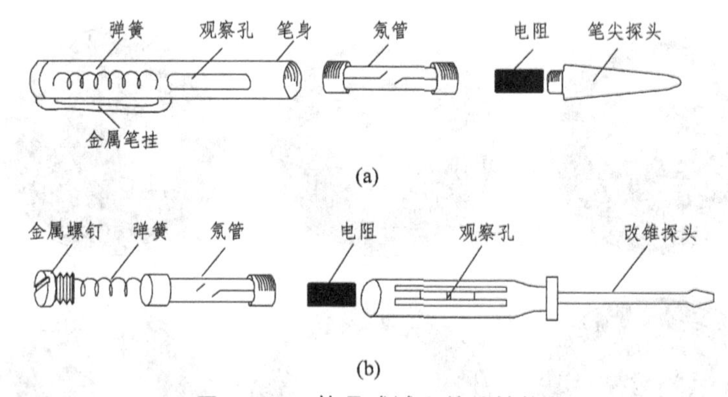

图☆3-11 旋具式试电笔的结构

使用旋具式试电笔时应注意以下事项：

① 使用前先在确有电源处试验，验电器无问题时方可使用。

② 验电时手指要触及尾部金属体、头部接触被测电器。

③ 注意防止手指触及笔尖的金属部分，以免造成触电事故，如图☆3-12 所示。

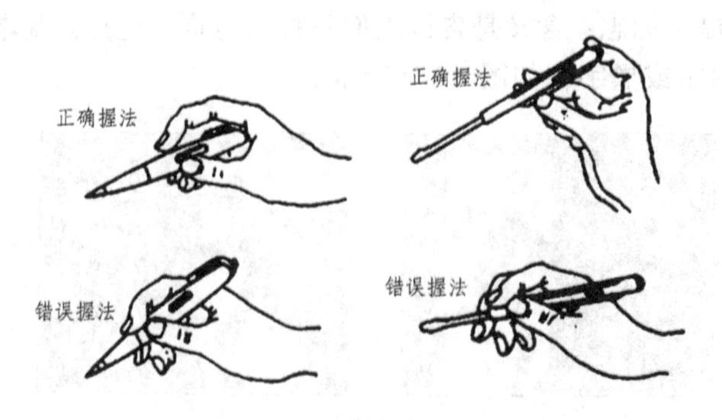

图☆3-12 电笔的使用方法

（2）数显式试电笔。

新型数显式试电笔适用于直接检测 12 ~ 250 V 的交直流电压，和间接检测交流电的零线、相线和断点，还可测量不带电导体的通断，如图☆3-13 所示。

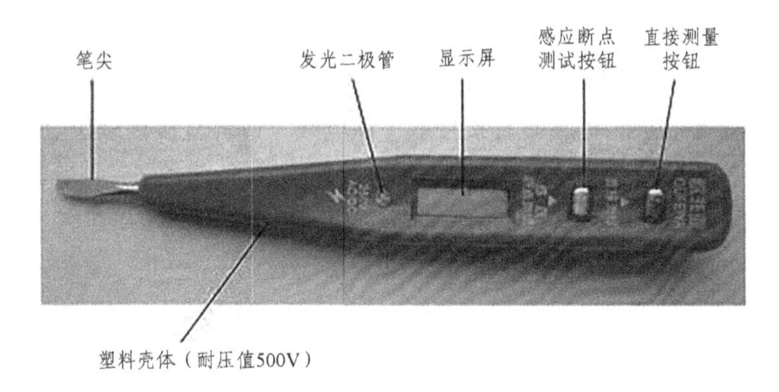

图☆3-13　数显式电笔

按钮说明：

① A 键“DIRECT”：直接测量键（离液晶屏较远），也就是用电笔金属前端（简称批头）直接接触线路时，请按此按钮。

② B 键“INDUCTANCE”：感应/断点测量键（离液晶屏较近），也就是用批头感应（注意是感应，而不是直接接触）线路时，请按此按钮。

数显式试电笔使用方法：

不管电笔上文字如何印刷，通常而言，离液晶屏较远的为直接测量键，离液晶屏较近的为感应/断点测量键。

直接检测：

轻触直接测量（DIRECT）键，测电笔金属前端直接接触被检测物：

① 最后数字为所测电压值（本测电笔分 12 V、36 V、55 V、110 V、220 V 五段电压值，通常≤36 V 的不至于有生命危险）。

② 未到高段显示值的 70%时，显示低段值。

③ 测量非对地的直流电时，应手碰另一极（如正极或负极）。

电笔直接接触到火线时，无论手有没有碰到任一测量键，指示灯都会立刻亮起：

① 手没碰到任一测量键时，指示灯亮起，并显示 12 V，此数值不准。

② 手碰到感应/断点测量键时，指示灯亮起，并显示 110 V，此数值不准。

③ 手碰到直接测量键时，指示灯亮起，并显示 220 V，此数值准确。

综上所述，在手没有碰到任一测量键的情况下，一旦指示灯亮起，就表明有交流电的火线 220 V，切记切记！

手碰到直接测量键时，电笔直接接触人体、火线、零线、地线、金属等导电物体时，指示灯都可能会亮起，此时实际电压以读数为准，若无读数则表明无电压。

手碰到感应/断点测量键时，电笔直接接触被检测物时，有两种情况：

① 指示灯亮起，并显示 110 V，就表明有交流电的火线 220 V。

② 指示灯不亮，但出现“高压符号”，请参见“间接检测”中的①，②两点。

间接检测（又称感应检测）：

① 感应检测：轻触感应/断点测量（INDUCTANCE）键，测电笔金属前端靠近（注意是靠近，而不是直接接触）被检测物，若显示屏出现“高压符号”，则表示被检测物内部带交流电。

② 断点检测：测量有断点的电线时，轻触感应/断点测量（INDUCTANCE）键，测电笔金属前端靠近（注意是靠近，而不是直接接触）该电线，或者直接接触该电线的绝缘外层，若“高压符号”消失，则此处即为断点处。

③ 利用此功能可方便地分辨零、相线（测并排线路时要增大线间距离）。检测微波的辐射及泄漏情况等。

注意事项：

① 按键不需用力按压。

② 测试时不能同时接触两个测量键，否则会影响灵敏度及测试结果。

2. 螺丝刀

螺丝刀又称为改锥或起子，它由绝缘套管（刀柄）和刀头两部分组成，按其头部形状可分为一字形和十字形两大类，如图☆3-14 所示。

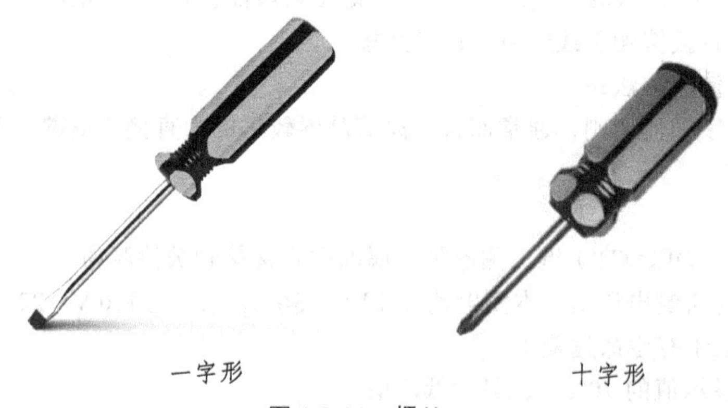

一字形　　十字形

图☆3-14　螺丝刀

对于一字形的螺钉，需用一字形螺丝刀来旋紧或拆卸，一字形螺丝刀规格用柄部以外的刀体长度表示，常用的有 100 mm、150 mm、200 mm、300 mm、400 mm 等几种。

对于十字形的螺钉，需用十字形螺丝刀来旋紧或拆卸。十字形螺丝刀规格按其头部旋动螺钉的规格不同，分为Ⅰ、Ⅱ、Ⅲ、Ⅳ四个型号，分别用于旋动直径为 2 ~ 2.5 mm、3 ~ 5 mm、6 ~ 8 mm、10 ~ 12 mm 的螺钉，其柄部以外的刀体长度规格与一字形螺丝刀相同。无论使用一字形还是十字形螺丝刀，都应注意用力平稳，推进和旋转要同时进行，如图☆3-15 所示。

螺丝刀使用与握持方法：

（1）带电作业时，手不可触及螺丝刀的金属杆，以防触电。

（2）电工螺丝刀，不得使用锤击型（金属通杆）。

（3）金属杆应套绝缘管，防止金属杆触到人体或邻近带电体。

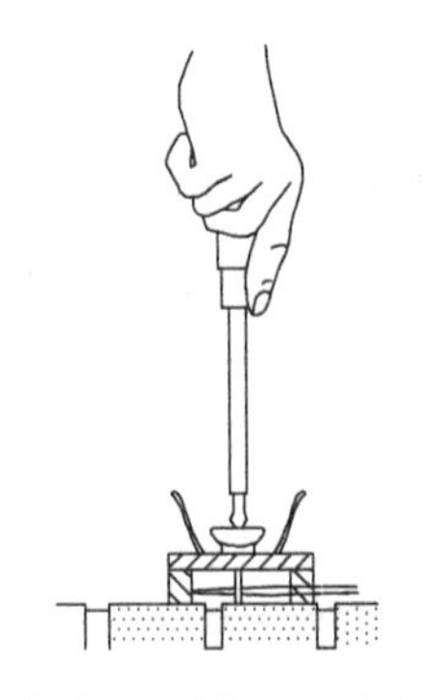

（a）大型螺丝刀握法

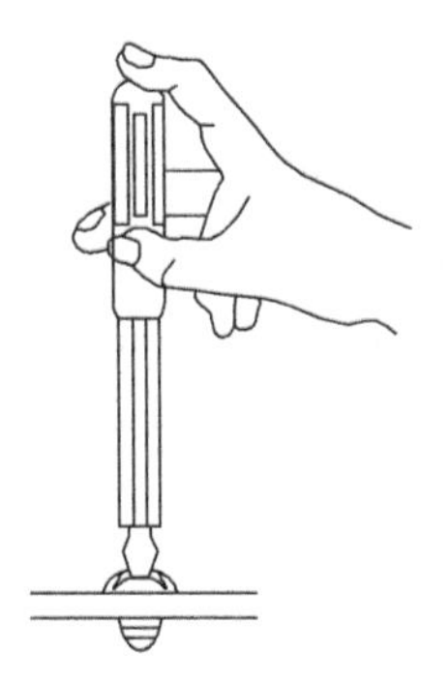

（b）小型螺丝刀握法

图☆3-15　螺丝刀握持方法

3．电工刀

电工刀用来剖切导线、电缆的绝缘层，切割木台、电缆槽等，如图☆3-16 所示。

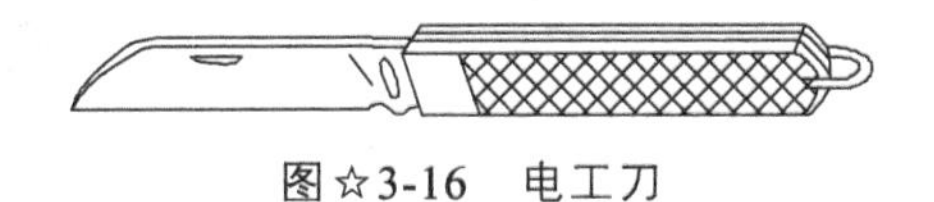

图☆3-16　电工刀

使用电工刀时应注意以下事项：

（1）不得用于带电作业，以免触电。

（2）应将刀口朝外剖削，并注意避免伤及手指。

（3）剖削导线绝缘层时，应使刀面与导线成较小的锐角，以免割伤导线，如图☆3-17 所示。

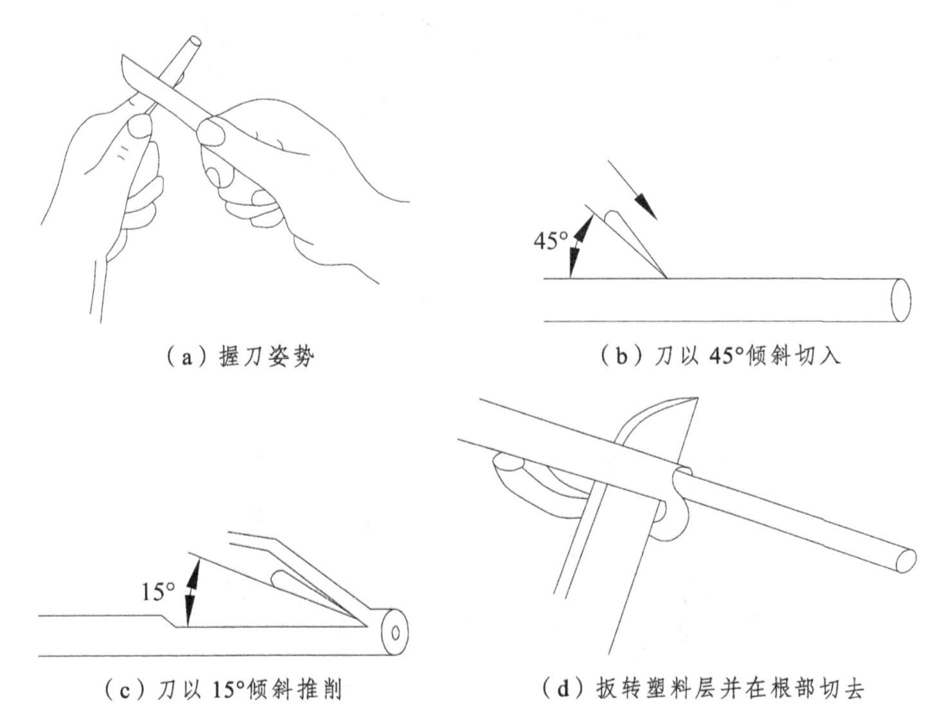

（a）握刀姿势　（b）刀以 45°倾斜切入

（c）刀以 15°倾斜推削　（d）扳转塑料层并在根部切去

图☆3-17　用电工刀剥削绝缘导线

4. 钢丝钳

钢丝钳是用于夹持或折断金属薄片，切断金属丝的工具，如图☆3-18所示。

电工用钢丝钳的柄部套有绝缘套管（耐压500 V），其规格用钢丝钳全长的毫米数表示，常用的有150 mm、175 mm、200 mm等。

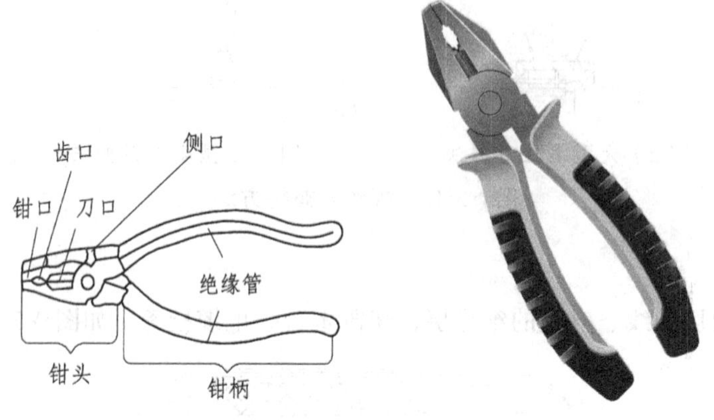

图☆3-18　钢丝钳

使用钢丝钳时应注意以下事项：

（1）带电作业前，检查钳把绝缘是否良好，以免触电。

（2）在带电剪切导线时，不得用刀口同时剪切两根线（如相线与零线、相线与相线等），以免发生短路事故，如图☆3-19所示。

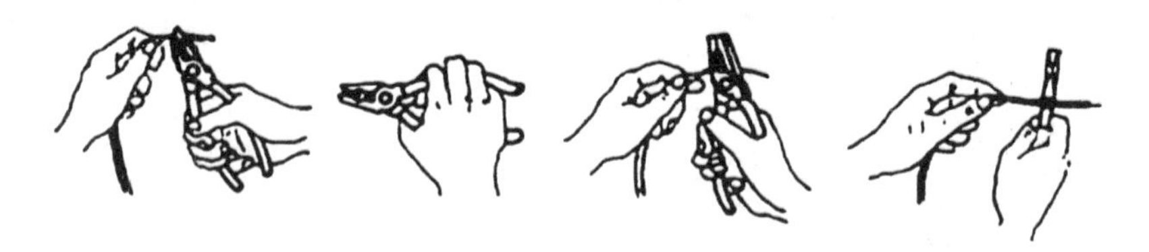

图☆3-19　用钢丝钳剥削绝缘导线

5. 尖嘴钳

尖嘴钳依钳头形状，分为尖嘴钳、扁嘴钳、圆嘴钳等，如图☆3-20所示。

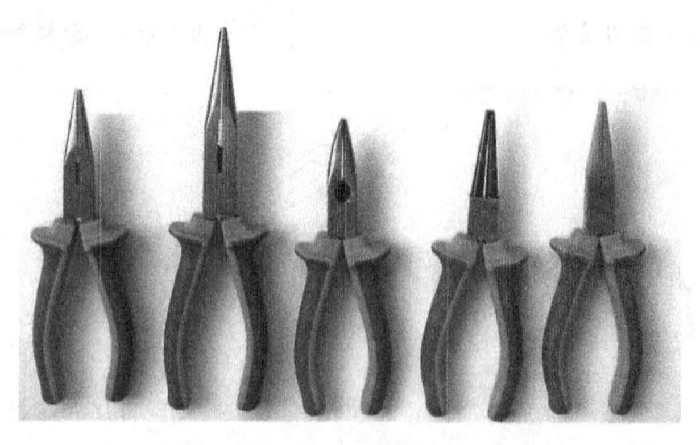

图☆3-20　尖嘴钳

尖嘴钳头部尖细，主要用于夹持较小的螺钉及电器元件，也用于弯曲单股导线“羊眼圈”接线端子，及剪断导线、剖削绝缘层。尖嘴钳绝缘柄的耐压为 500 V。

尖嘴钳钳身长度的规格有 125 mm、140 mm、160 mm、180 mm、200 mm 五种。

6. 剥线钳

剥线钳是用来剥除小直径导线绝缘层的专用工具，如图☆3-21 所示。剥线钳的手柄是绝缘的，因此可以带电操作，工具电压一般不允许超过 500 V。剥线钳的优点在于使用效率高、剥线尺寸准确、不易损伤线芯。钳口处有几个不同直径的小孔，可根据待剥导线的线径选用，以达到既能剥掉绝缘层又不损伤线芯的目的。

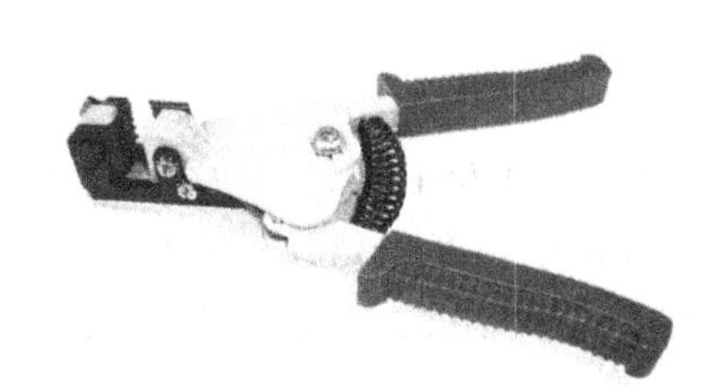

图☆3-21 剥线钳

7. 斜口钳

斜口钳也叫偏口钳，如图☆3-22 所示。在剪切导线，尤其是剪掉焊接点上多余的线头和印制电路板安放插件后过长的引线时，选用斜口钳效果是最好的。斜口钳还常用来代替一般剪刀剪切绝缘套管、尼龙扎线卡等。常用的斜口钳的钳身长 160 mm，带塑料绝缘柄的最为常用。操作时应注意：剪下的线头容易飞出伤人眼部，双目不要直视被剪物。钳口朝下剪线，当被剪物体不易变化方向时，可用另一只手遮挡飞出的线头。不允许用斜口钳剪切螺钉及较粗的钢丝等，否则易损坏钳口。只有经常保持钳口结合紧密和刀口锐利，才能使剪切轻快并使切口整齐。当钳口有轻微的损坏或变钝时，可用砂轮或油石修磨。

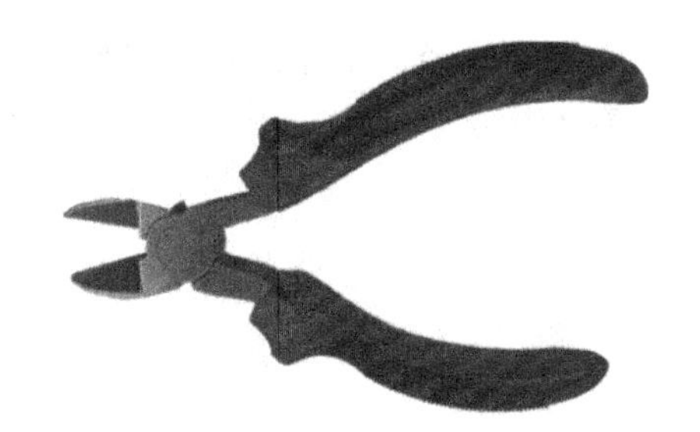

图☆3-22 斜口钳

8. 压线钳

压线钳是用来压制导线“线鼻”（接线端子）的专用工具，如图☆3-23 所示。小线径压线钳（$\phi 1 \sim 6$ mm）的钳口有多个半圆、六棱型牙口，可将线鼻压制嵌入导线内。大直径压线钳一般为液压钳，用来压制$\phi 12 \sim 90$ mm 线鼻。

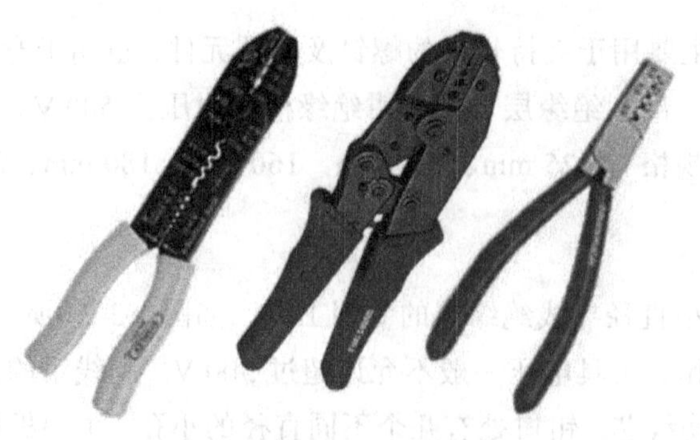
图☆3-23　斜口钳

9. 扳　手

（1）活动扳手。

活动扳手（简称活扳手）是用于紧固和松动螺母的一种专用工具，如图☆3-24 所示，主要由活络扳唇、呆扳唇、扳口、蜗轮、轴销等构成，其规格以长度（mm）× 最大开口宽度（mm）表示，常用的有 150 × 19（6 in）、200 × 24（8 in）、250 × 30（10 in）、300 × 36（12 in）等几种。

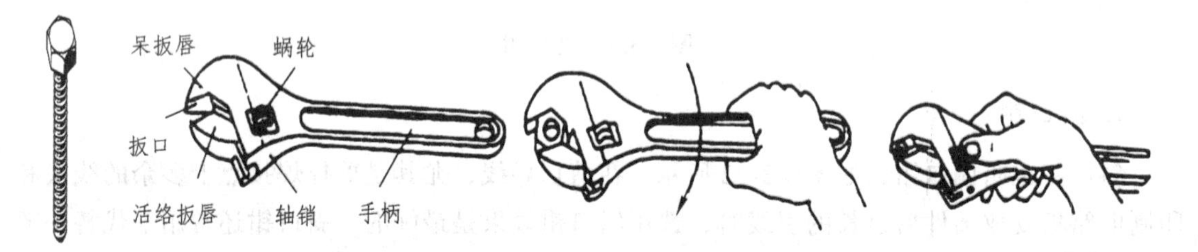

图☆3-24　活动扳手

使用活动扳手时应注意以下事项：

① 活络扳手不可反用，以免损坏活络板唇。

② 不可用加力杆接长手柄以加大扳拧力矩。

（2）固定扳手。

固定扳手（呆扳手）的扳口为固定口径，不能调整，但使用时不易打滑。固定扳手有梅花扳手、开口扳手两种，如图☆3-25 所示。

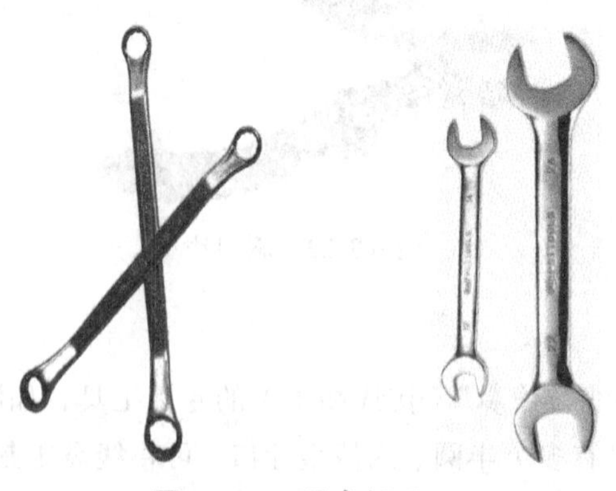
图☆3-25　固定扳手

（3）套筒扳手。

套筒扳手的扳口是筒形，扳手有多种，能插接各种扳口，适合狭小空间使用。

二、常用电工仪表

（一）万用电表

万用电表即万用表，是综合性仪表。“万用表”分为指针式万用表（图☆3-26）和数字式万用表（图☆3-27）。它可用于测量电压、电流、电阻，还可以测量三极管的放大倍数以及频率、电容值、逻辑电位等。因此，万用表转换开关的接线较为复杂，必须要掌握其使用方法。

图☆3-26　指针式万用表

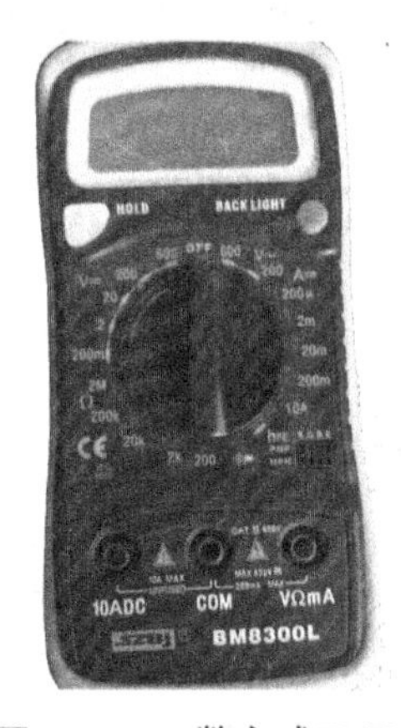

图☆3-27　数字式万用表

1. 万用表使用方法

（1）将电源开关置于 ON 位置。

（2）使用万用表前要校准机械零位和电气零位。若要测量电流或电压，则应先调表指针的机械零位；若要测量电阻，则应先调表指针的电气零位，以防表内电池电压下降而产生测量误差，如图☆3-28 所示。

（3）交直流电压的测量：根据需要将量程开关拨至 DCV（直流）或 ACV（交流）的合适量程，红表笔插入 V/Ω孔，黑表笔插入 COM 孔，并将表笔与被测线路并联，读数即显示。

（4）交直流电流的测量：将量程开关拨至 DCA 直流（或 ACA 交流）的合适量程，红表笔插入 mA 孔（ < 200 mA 时）或 10 A 孔（ > 200 mA 时），黑表笔插入 COM 孔，并将万用表串联在被测电路中即可。测量直流量时，数字式万用表能自动显示极性。

（5）电阻的测量：将量程开关拨至Ω的合适量程，红表笔插入 V/Ω孔，黑表笔插入 COM 孔。如果被测电阻值超出所选择量程的最大值，万用表将显示“1”，这时应选择更高的量程。测量电阻时，红表笔为正极，黑表笔为负极，这与指针式万用表正好相反。因此，测量晶体管、电解电容器等有极性的元器件时，必须注意表笔的极性。

（6）不用时，应将切换开关拨到最高电压挡，并关闭电源。切换开关不要停在欧姆挡，以防止表笔短接时将电池放电。

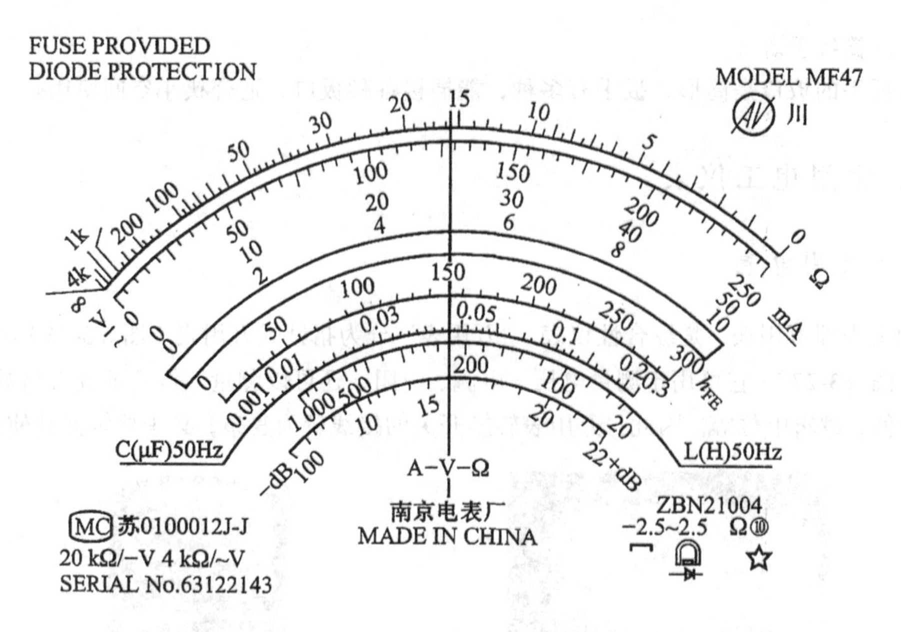

图☆3-28　指针式万用表显示屏

2. 使用注意事项

（1）测量前一定要选好挡位，即电压挡、电流挡或电阻挡，同时还要选对量程。初选时应从大到小，以免打坏指针，如果无法预先估计被测电压或电流的大小，则应先拨至最高量程挡测量一次，再视情况逐渐把量程减小到合适位置，禁止带电切换量程。测量电压、电流时，指针在刻度盘的 1/2 以上处较准确；测量电阻时，指针指在刻度盘的中间处较准确。

（2）满量程时，仪表仅在最高位显示数字“1”，其他位均消失，这时应选择更高的量程。

（3）测量电压时，应将万用表与被测电路并联。测电流时应与被测电路串联，用数字式万用表测直流量时不必考虑正、负极性。用机械式万用表测量直流时要注意表笔的极性。

（4）当误用交流电压挡去测量直流电压，或者误用直流电压挡去测量交流电压时，显示屏将显示“000”，或低位上的数字出现跳动现象。

（5）禁止在测量高电压（220 V 以上）或大电流（0.5 A 以上）时换量程，以防止产生电弧，烧毁开关触点。

（6）当显示“________”“BATT”或“LOW BAT”时，表示电池电压低于工作电压。

（7）测量高压时，应把红、黑表笔插入“2 500 V”和“－”插孔内，把万用表放在绝缘支架上，然后用绝缘工具将表笔触及被测导体。

（8）测量晶体管或集成件时，不得使用 R × 1 和 R × 10k 量程挡。

（9）带电测量过程中应注意防止发生短路和触电事故。

（二）兆欧表

摇表又称兆欧表，分为机械式（图☆3-29）和数显式（图☆3-30）两种，是用来测量被测设备的绝缘电阻和高值电阻的仪表。它由一个手摇发电机、表头和三个接线柱（即 L——线路端，E——接地端，G——屏蔽端）组成。

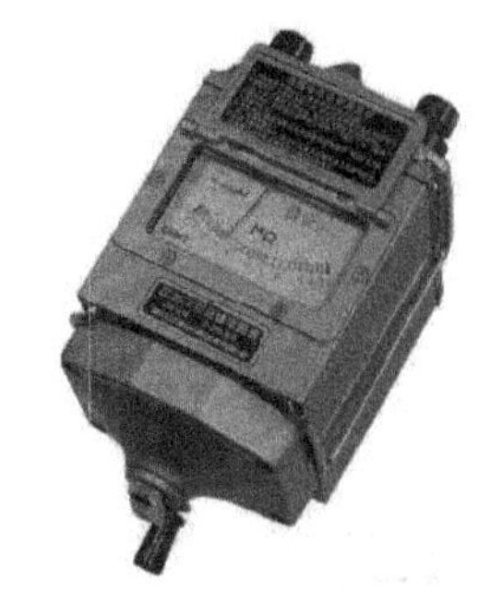

图☆3-29　兆欧表（机械式）

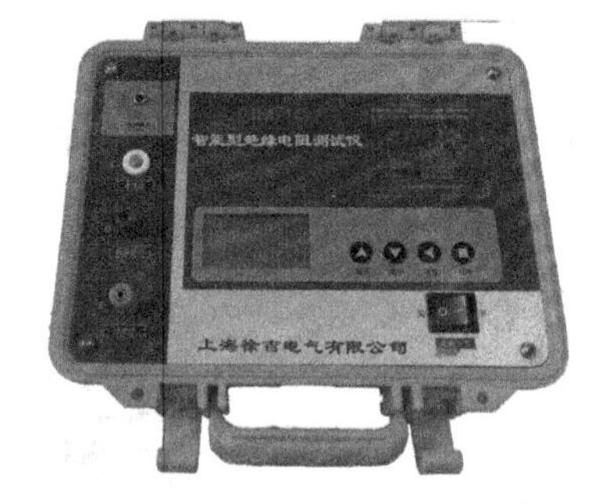

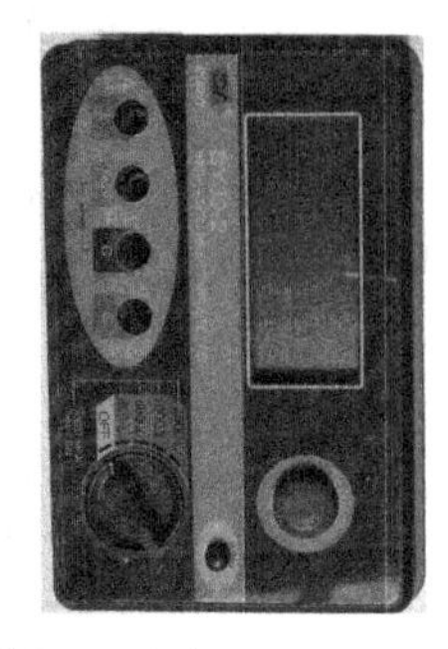

图☆3-30　兆欧表（数显示式）

1. 摇表的选用原则

（1）额定电压等级的选择。一般情况下，额定电压在 500 V 以下的设备，应选用 500 V 或 1 000 V 的摇表；额定电压在 500 V 以上的设备，应选用 1 000 ~ 2 500 V 的摇表。

（2）电阻量程范围的选择。摇表的表盘刻度线上有两个小黑点，小黑点之间的区域为准确测量区域。所以在选表时应使被测设备的绝缘电阻值在准确测量区域内。

2. 摇表的使用

（1）校表。测量前应将摇表进行一次开路和短路试验，检查摇表是否良好。将两连接线开路并摇动手柄，表针应指向“∞”，再把两连接线短接一下，指针应指在“0”处，符合上述条件者即良好，否则不能使用。

（2）被测设备与线路断开，对于大电容设备还要进行放电。

（3）选用电压等级符合的摇表。

（4）测量绝缘电阻时，一般只用“L”和“E”端，但在测量电缆对地的绝缘电阻或被测设备的漏电流较严重时，就要使用“G”端，并将“G”端接屏蔽层或外壳。线路接好后，可按顺时针方向转动摇把，摇动的速度应由慢而快，当转速在 120 r/min 左右时（ZC-25 型），保持匀速转动，1 min 后读数，并且要边摇边读数，不能停下来读数。

（5）拆线放电。读数完毕，一边慢摇，一边拆线，然后将被测设备放电。放电方法是将测量时使用的地线从摇表上取下来与被测设备短接一下即可（不是摇表放电）。

3. 注意事项

（1）禁止在雷电时或高压设备附近测绝缘电阻，只能在设备不带电，也没有感应电的情况下测量。

（2）摇测过程中，被测设备上不能有人工作。

（3）摇表线不能绞在一起，要分开。

（4）摇表未停止转动之前或被测设备未放电之前，严禁用手触及。拆线时，也不要触及引线的金属部分。

（5）测量结束时，对于大电容设备要放电。

（6）要定期校验其准确度。

（三）钳形电流表

钳形电流表分高、低压两种，用于在不拆断线路的情况下直接测量线路中的电流，如图☆3-31 所示。

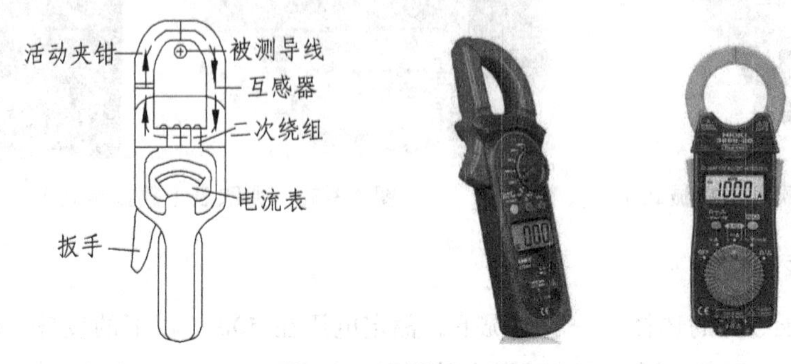

图☆3-31　钳形电流表

1. 钳形电流表的使用

（1）首先正确选择钳型电流表的电压等级，检查其外观绝缘是否良好，有无破损，指针是否摆动灵活，钳口有无锈蚀，等。根据电动机功率估计额定电流，以选择表的量程。

（2）在使用钳形电流表前应仔细阅读说明书，弄清是交流还是交直流两用钳形表。

（3）由于钳形电流表本身精度较低，在测量小电流时，可采用下述方法：先将被测电路的导线绕几圈，再放进钳形表的钳口内进行测量。此时钳形表所指示的电流值并非被测量的实际值，实际电流应当为钳形表的读数除以导线缠绕的圈数。

（4）钳型表钳口在测量时闭合要紧密，闭合后如有杂音，可打开钳口重合一次，若杂音仍不能消除时，应检查磁路上各接合面是否光洁，有尘污时要擦拭干净。

（5）钳形表每次只能测量一相导线的电流，被测导线应置于钳形窗口中央，不可以将多相导线都夹入窗口测量。

（6）被测电路电压不能超过钳形表上所标明的数值，否则容易造成接地事故，或者引起触电危险。

（7）测量运行中笼型异步电动机工作电流。根据电流大小，可以检查判断电动机工作情况是否正常，以保证电动机安全运行，延长使用寿命。

（8）测量时，可以每相测一次，也可以三相测一次，此时表上数字应为零（因三相电流相量和为零），当钳口内有两根相线时，表上显示数值为第三相的电流值，通过测量各相电流可以判断电动机是否有过载现象（所测电流超过额定电流值），电动机内部或电源（把其他形式的能转换成电能的装置叫作电源）电压是否有问题，即三相电流不平衡是否超过 10% 的限度。

（9）钳形表测量前应先估计被测电流的大小，再决定用哪一量程。若无法估计，可先用最大量程挡然后适当换小些，以准确读数。不能使用小电流挡去测量大电流，以防损坏仪表。

2. 注意事项

（1）钳形表的挡位一定要选择正确，应选交流电流 AC 而错选直流 AC 将使测量结果错误。测量启动电流时，一定要在家用电器启动前按下“INRUSH”键，然后再启动家用电器读数，否则测不到最大启动电流。

（2）当电缆有一相接地时，严禁测量，防止出现因电缆头的绝缘水平低发生对地击穿爆炸而危及人身安全的情况。

（3）钳形电流表测量结束后把开关拨至最大程挡，以免下次使用时不慎过流。

☆模块四　导　线

一、导线的分类

导线从其绝缘性来看可分为裸导线和绝缘导线两大类。

（一）裸导线

裸导线分为单股线和多股绞合线。常用符号：“T”铜；“L”铝；“G”钢；“Y”硬型材料；“R”软型；“J”绞合导线。截面用数字表示。例如：“LJ-35”表示 35 mm^2 的铝绞线。单线线径由“ϕ”表示。例如“Tϕ4”表示直径为 4 mm^2 的单股铜导线。裸导线用于室处架空线路。

（二）绝缘导线

绝缘导线按芯线材料分为铜芯、铝芯，按线芯股数分为单股、多股，按结构分为单芯、双芯、多芯。

绝缘导线按绝缘材料分为塑料绝缘导线和橡胶绝缘导线。

1. 塑料绝缘导线

塑料绝缘导线常用于 500 V 以下室内照明线路，可直接敷设在实心板或墙壁上。防护层为聚氯乙烯塑料。

（1）塑料绝缘硬导线：① 塑料绝缘铝芯硬导线。② 塑料绝缘铜芯硬导线。

聚乙烯绝缘铝芯硬导线——BLV；聚乙烯绝缘铜芯硬导线——BV。

（2）塑料绝缘软导线：塑料绝缘铜芯软导线。

聚乙烯绝缘铜芯软导线——BVR。

2. 橡胶绝缘导线（橡胶电缆）

橡胶绝缘导线主要供室内照明线路 250 V 以下使用。橡胶绝缘导线的组成主要包括外防护层和内防护层。外防护层由棉纱织和玻璃织构成，内防护层为橡胶层。这种导线通常又称为电缆。电缆是一种多芯电线，主要用于电力供电或电信信息传输。电缆按用途分为电力电缆、通信电缆，按结构分为硬型、软型、特软型、移动式电线电缆，按线芯数分为单芯、双芯、三芯、四芯等。

橡胶绝缘铜芯导线——BX；橡胶绝缘铝芯导线——BLX；

[X：橡胶（皮）绝缘；V：聚氯乙烯绝缘]

重型橡胶电缆——YHC；农用氯丁橡胶拖拽电缆——NYHF。

3. 电磁线

电磁线主要用于制作电磁线圈，按绝缘材料分为漆包线、丝漆包线、玻璃纤维包线、纱包线，按几何形状分为圆形、矩形，按导线材料分为铜芯、铝芯，按芯线数分为单股、多股。

二、绝缘导线的载流量

由于导线是电能传输的重要介质，因此，导线的绝缘性的高低、截面积的大小及环境条件都将决定导线的安全载流量。表☆4-1 所示为导线塑料绝缘软导线的安全载流量。绝缘导线安全载流量的温度校正系数如表☆4-2 所示。常用电线电缆的型号、名称和用途如表☆4-3 所示。

表☆4-1　塑料绝缘导线安全载流量

导线截面积 / mm^2	线芯股数/单股直径/mm	明线安装		穿钢管（一管）安装						穿塑料管（一管）安装					
				二根		三根		四根		二根		三根		四根	
		铜	铝	铜	铝	铜	铝	铜	铝	铜	铝	铜	铝	铜	铝
1.0	1/1.13	17		12		11		10		10		10		9	
1.5	1/1.17	21	16	17	13	15	11	14	10	14	11	13	10	11	9
2.5	1/1.76	28	22	23	17	21	16	19	13	21	16	18	14	17	12
4.0	1/2.24	35	28	30	23	27	21	24	19	27	21	24	19	22	17
6.0	1/2.73	48	37	41	30	36	28	32	24	36	27	31	23	28	22
10	7/1.33	65	51	56	42	49	38	43	33	49	36	42	33	38	29
16	7/1.70	91	69	71	55	64	49	59	43	62	48	56	42	49	38
25	7/2.12	120	91	93	70	82	61	74	57	82	63	74	56	65	50
35	7/2.50	147	113	115	87	100	78	91	70	104	78	91	69	81	61
50	19/1.83	187	143	143	108	127	96	113	87	130	99	114	88	102	78
70	19/2.14	230	178	178	135	159	124	143	110	160	126	145	113	128	100
95	19/2.5	282	216	216	165	195	148	173	132	199	151	178	137	160	121

说明：表☆4-1 中所列的安全载流量是根据线芯最高允许温度 65 °C、周围空气温度为 35 °C 而定的。当实际空气温度超过 35 °C 时，导线的安全载流量应乘以表☆4-2 中所列的校正系数。

表☆4-2　绝缘导线安全载流量的温度校正系数

环境最高平均温度/°C	35	40	45	50	55
校正系数	1.0	0.91	0.82	0.71	0.58

表☆4-3 常用电线电缆的型号、名称和用途

类型	型号	名称	用途
电线电缆	BV	聚氯乙烯绝缘铜芯硬导线	交、直流 500 V 及以下，室内照明和动力线路的敷设，室外架空线路
	BLV	聚氯乙烯绝缘铝芯硬导线	
	BX	铜芯橡皮导线	
	BLX	铝芯橡皮导线	
	BLXF	铝芯氯丁橡皮导线	
	LJ	裸铝绞线	室内高大厂房绝缘子配线和室外架空线
	LGJ	钢芯铝绞线	
	BVR	聚氯乙烯绝缘铜芯软导线	不频繁活动场所电源连接线
	BVS	聚氯乙烯绝缘双根铜芯绞合软导线	交、直流额定电压为 250 V 及以下的移动式电器、吊灯电源连接线
	RVS	聚氯乙烯绝缘双根平型铜芯软导线	
	BXS	棉花纺织橡皮绝缘双根铜芯绞合软导线（花线）	交、直流额定电压为 250 V 及以下吊灯电源连接线
	BVV	聚氯乙烯绝缘护套铜芯导线（双根或 3 根）	交、直流额定电压为 500 V 及以下室内外照明和小功率动力线路敷设
	RHF	氯丁橡胶铜芯软导线	250 V 室内外小型电动工具电源边线
	RVZ	聚氯乙烯绝缘护套铜芯软导线	交、直流额定电压为 500 V 及以下移动式电器电源连接线
电磁线	QZ	聚酯漆包圆铜导线	耐温 130 °C，用于密封的电动机、电器绕组或线圈
	QA	聚氨酯漆包圆铜导线	耐温 120 °C，用于电工仪表或电视机线圈等高频线圈
	QF	耐冷冻剂漆包圆铜导线	在氟利昂等制冷剂中工作的线圈，如电冰箱、空调器压缩机电动机绕组
通信线缆	HY、HE、HP、HJ、GY	H 系列及 G 系列光纤电缆	电报、电话、广播、电视、传真、数据及其他电信的传播

三、导线的剖削

（一）塑料硬线绝缘层的剖削

（1）线芯截面积为 4 mm^2 及以下的塑料硬线用钢丝钳剖削塑料硬线绝缘层。

步骤 1：用左手捏住导线，在需剖削线头处，用钢丝钳刀口轻轻切破绝缘层，但不可切伤线芯。

步骤 2：用左手拉紧导线，右手握住钢丝钳头部用力向外勒去绝缘层。注意：在勒去绝缘层时，不可在钢丝钳刀口处剪切，否则会切伤线芯。剖削出的线芯应保持完整无损，如有损伤，应剪断后，重新剖削。

（2）线芯截面积大于 4 mm^2 的塑料硬线用电工刀剖削塑料硬线绝缘层。

步骤 1：在需剖削线头处，用电工刀以 45°角倾斜切入塑料绝缘层，注意刀口不能伤着线芯。

步骤 2：刀面与导线保持 25°左右，用刀向线端推削，只削去上面一层塑料绝缘层，不可切入线芯。

步骤 3：将余下的线头绝缘层向后扳翻，将该绝缘层剥离线芯，再用电工刀切齐。

（二）塑料软线绝缘层的剖削

塑料软线绝缘层只能用剥线钳或钢丝钳剖削，剖削方法与塑料硬线绝缘层的剖削方法相同。塑料软线绝缘层不能用电工刀剖削，因其太软，线芯又由多股铜丝组成，用电工刀极易伤及线芯。

（三）塑料护套线绝缘层的剖削

塑料护套线绝缘层用电工刀剖削。塑料护套线具有两层绝缘：护套层和每根线芯的绝缘层。

步骤 1：在线头所需长度处，用电工刀刀尖对准护套线中间线芯缝隙处划开护套层，不可切入线芯。

步骤 2：向后扳翻护套层，用电工刀把它齐根切去。

步骤 3：在距离护套层 5 ~ 10 mm 处，用电工刀以 45°角倾斜切入内部各绝缘层，其剖削方法与塑料硬线剖削方法相同。

四、导线的连接

导线连接是电工作业的一项基本工序，也是一项十分重要的工序。导线连接的质量直接关系到整个线路能否安全可靠地长期运行。对导线连接的基本要求是：连接牢固可靠、接头电阻小、机械强度高、耐腐蚀耐氧化、电气绝缘性能好。

需连接的导线种类和连接形式不同，其连接的方法也不同。常用的连接方法有绞合连接、紧压连接、焊接等。连接前应小心地剥除导线连接部位的绝缘层，注意不可损伤其芯线。

（一）绞合连接

绞合连接是指将需连接导线的芯线直接紧密绞合在一起。铜导线常用绞合连接。

1. 单股铜导线的一字连接

（1）小截面单股铜导线连接方法如图☆4-1 所示，先将两导线的芯线线头作 X 形交叉，再将它们相互缠绕 2 ~ 3 圈后扳直两线头，然后将每个线头在另一芯线上紧贴密绕 5 ~ 6 圈后剪去多余线头即可。

（2）大截面单股铜导线连接方法如图☆4-2 所示，先在两导线的芯线重叠处填入一根相同直径的芯线，再用一根截面积约为 1.5 mm^2 的裸铜线在其上紧密缠绕，缠绕长度为导线直径的 10 倍左右，然后将被连接导线的芯线线头分别折回，再将两端的缠绕裸铜线继续缠绕 5～6 圈后剪去多余线头即可。

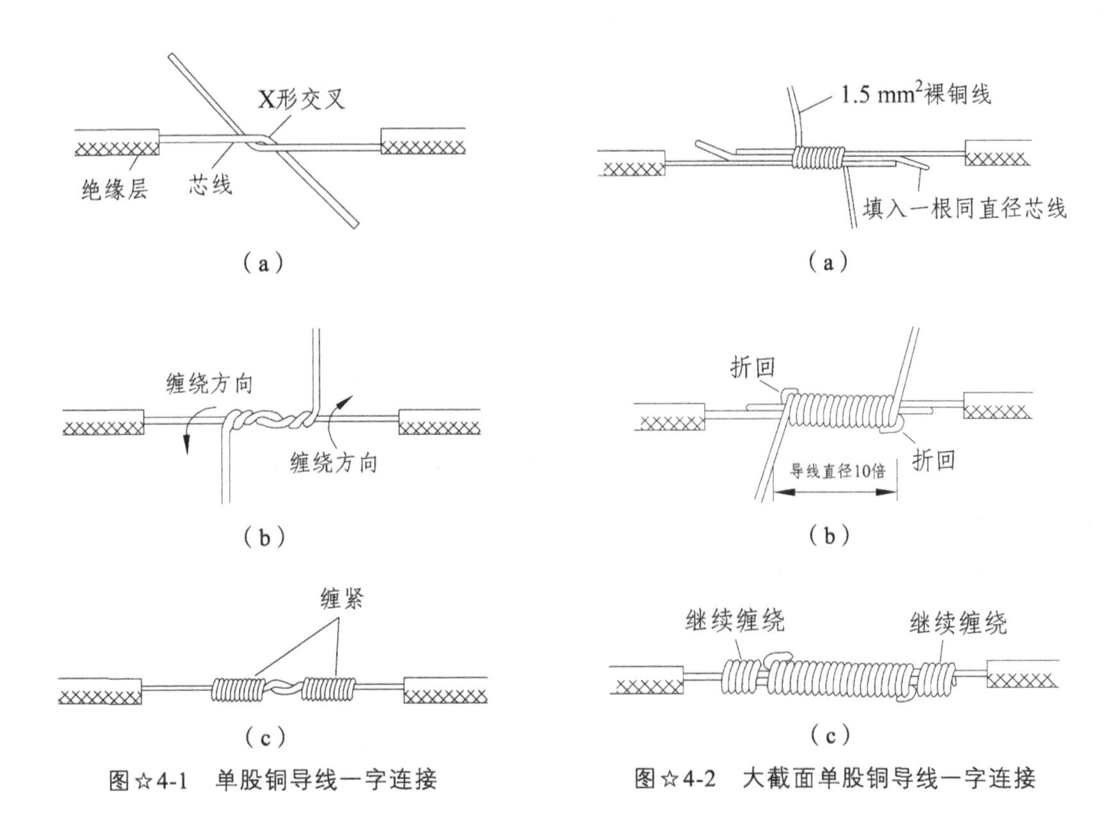

图☆4-1　单股铜导线一字连接

图☆4-2　大截面单股铜导线一字连接

（3）不同截面单股铜导线连接方法如图☆4-3 所示，先将细导线的芯线在粗导线的芯线上紧密缠绕 5～6 圈，然后将粗导线芯线的线头折回紧压在缠绕层上，再用细导线芯线在其上继续缠绕 3～4 圈后剪去多余线头即可。

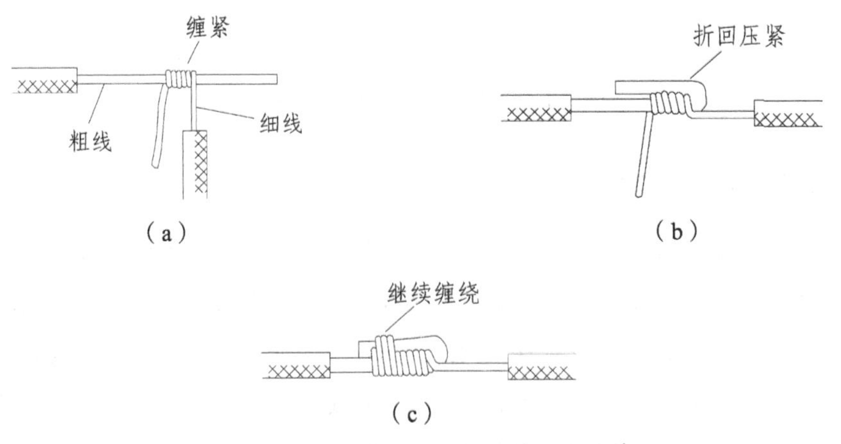

图☆4-3　不同截面单股铜导线一字连接

2. 单股铜导线的分支连接

（1）单股铜导线的 T 字分支连接如图☆4-4 所示，将支路芯线的线头紧密缠绕在干路芯线上 5～8 圈后剪去多余线头即可。对于较小截面的芯线，可先将支路芯线的线头在干路芯线上打一个环绕结，再紧密缠绕 5～8 圈后剪去多余线头即可。

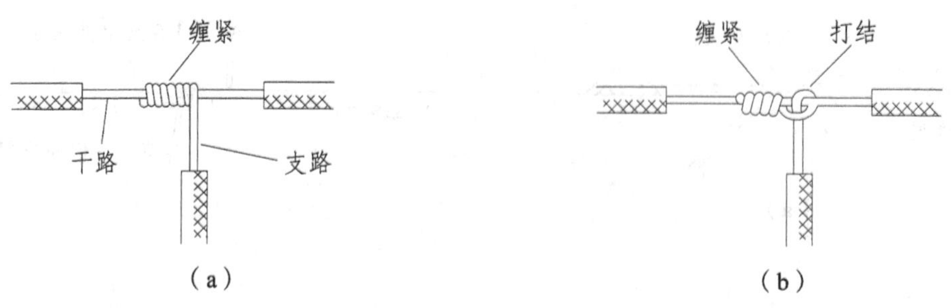

图☆4-4　不同截面单股铜导线 T 字分支连接

（2）单股铜导线的十字分支连接如图☆4-5 所示，将上下支路芯线的线头紧密缠绕在干路芯线上 5～8 圈后剪去多余线头即可。可以将上下支路芯线的线头向一个方向缠绕，见图（a）；也可以向左右两个方向缠绕，见图（b）。

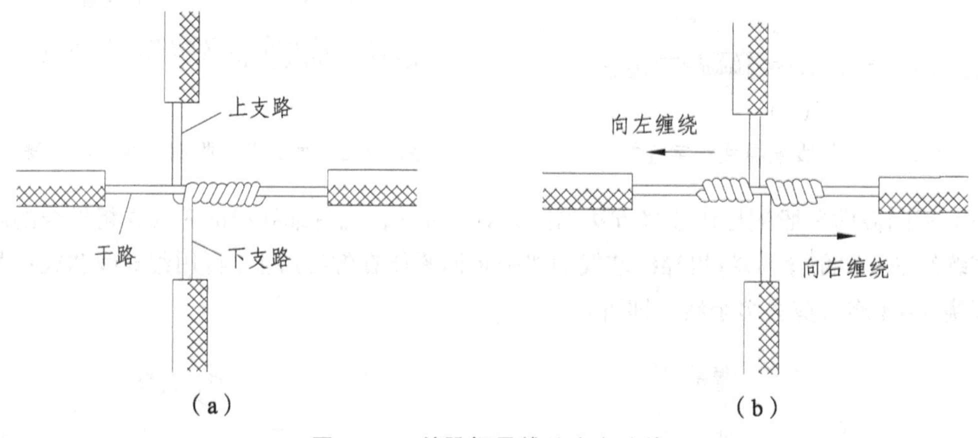

图☆4-5　单股铜导线的十字连接

3. 多股铜导线的一字连接

多股铜导线的一字连接如图☆4-6 所示，首先将剥去绝缘层的多股芯线拉直，将其靠近绝缘层的约 1/3 芯线绞合拧紧，而将其余 2/3 芯线做成伞状散开，另一根需连接的导线芯线也如此处理。接着将两伞状芯线相对着互相插入后捏平芯线，然后将每一边的芯线线头分作 3 组，先将某一边的第 1 组线头翘起并紧密缠绕在芯线上，再将第 2 组线头翘起并紧密缠绕在芯线上，最后将第 3 组线头翘起并紧密缠绕在芯线上。以同样方法缠绕另一边的线头。

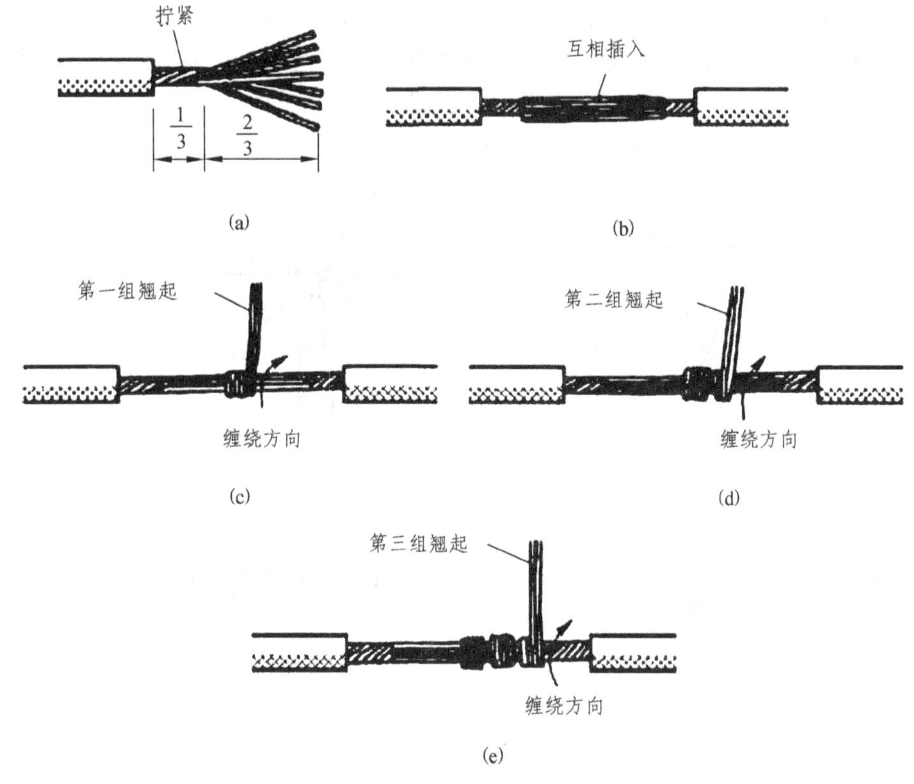

图☆4-6　多股铜导线的一字连接

4. 多股铜导线的分支连接

多股铜导线的 T 字分支连接有两种方法。

一种方法如图☆4-7 所示，将支路芯线折弯 90°后与干路芯线并行，见图（a），然后将线头折回并紧密缠绕在芯线上即可，见图（b）。

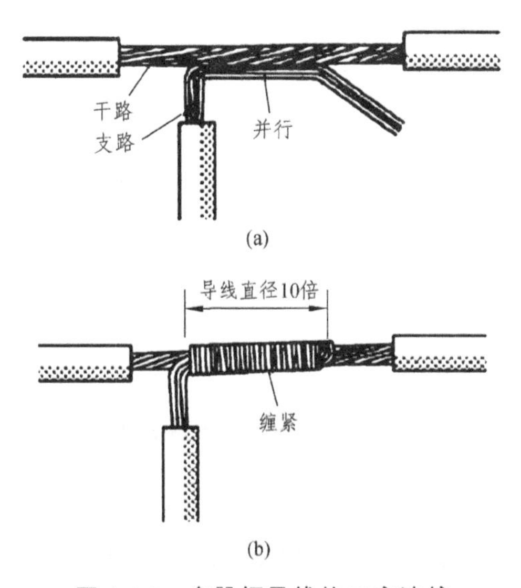

图☆4-7　多股铜导线的 T 字连接

另一种方法如图☆4-8 所示，将支路芯线靠近绝缘层的约 1/8 芯线绞合拧紧，其余 7/8 芯线分为两组，见图☆4-8（a）一组插入干路芯线当中，另一组放在干路芯线前面，并朝右边按图☆4-8（b）所示方向缠绕 4～5 圈，再将插入干路芯线当中的那一组朝左边按图☆4-8（c）所示方向缠绕 4～5 圈。连接好的导线见图☆4-8（d）所示。

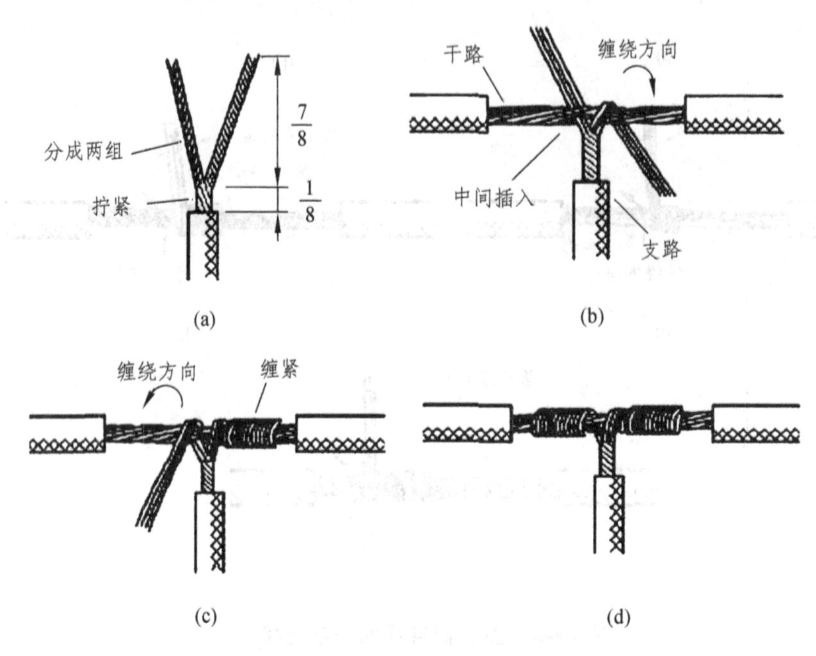

图☆4-8　多股铜导线的 T 字连接

5. 单股铜导线与多股铜导线的连接

单股铜导线与多股铜导线的连接方法如图☆4-9 所示，先将多股导线的芯线绞合拧紧成单股状，再将其紧密缠绕在单股导线的芯线上 5～8 圈，最后将单股芯线线头折回并压紧在缠绕部位即可。

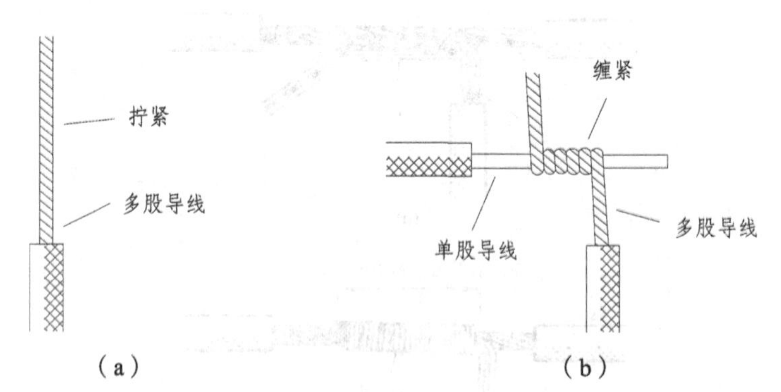

图☆4-9　单股铜导线与多股铜导线的连接

6. 同一方向的导线的连接

当需要连接的导线来自同一方向时，可以采用图☆4-10 所示的方法。对于单股导线，可将一根导线的芯线紧密缠绕在其他导线的芯线上，再将其他芯线的线头折回压紧即可。对于多股导线，可将两根导线的芯线互相交叉，然后绞合拧紧即可。对于单股导线与多股导线的连接，可将多股导线的芯线紧密缠绕在单股导线的芯线上，再将单股芯线的线头折回压紧即可。

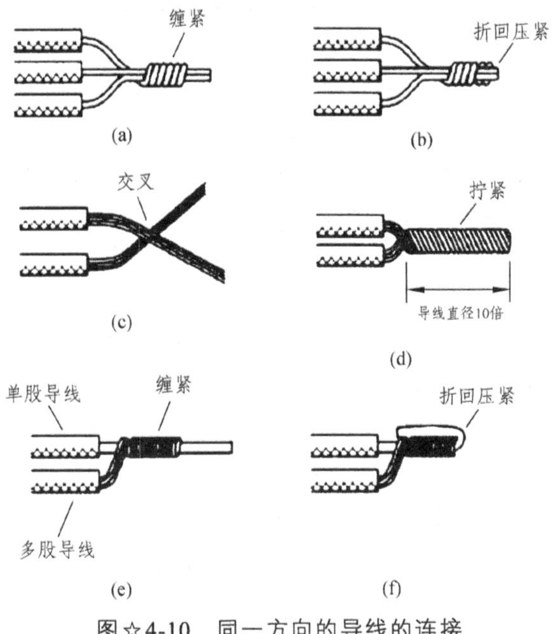

图☆4-10　同一方向的导线的连接

7. 双芯或多芯电线电缆的连接

双芯护套线、三芯护套线或电缆、多芯电缆在连接时，应注意尽可能将各芯线的连接点互相错开位置，可以更好地防止线间漏电或短路，如图☆4-11 所示。图☆4-11（a）所示为双芯护套线的连接情况，图☆4-11（b）所示为三芯护套线的连接情况，图☆4-11（c）所示为四芯电力电缆的连接情况。

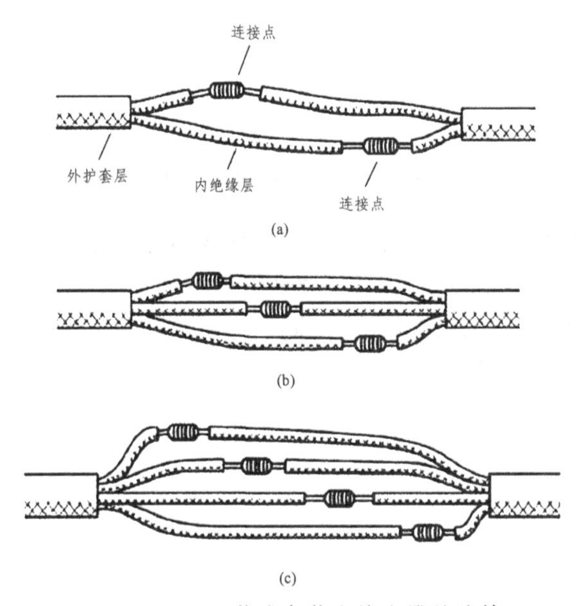

图☆4-11　双芯或多芯电线电缆的连接

（二）紧压连接

铝导线虽然也可采用绞合连接，但铝芯线的表面极易氧化，日久将造成线路故障，因此铝导线通常采用紧压连接。

紧压连接是指用铜或铝套管套在被连接的芯线上，再用压接钳或压接模具压紧套管使芯线保持连接的方法。铜导线（一般是较粗的铜导线）和铝导线都可以采用紧压连接，铜导线的连接应采用铜套管，铝导线的连接应采用铝套管。紧压连接前应先清除导线芯线表面和压接套管内壁上的氧化层和沾污物，以确保接触良好。

1. 铜导线或铝导线的紧压连接

压接套管截面有圆形和椭圆形两种，如图☆4-12（a）、（b）所示。圆截面套管内可以穿入一根导线，椭圆截面套管内可以并排穿入两根导线。

（1）圆截面套管使用时，将需要连接的两根导线的芯线分别从左右两端插入套管相等长度，以保持两根芯线的线头的连接点位于套管内的中间，然后用压接钳或压接模具压紧套管，一般情况下只要在每端压一个坑即可满足接触电阻的要求。在对机械强度有要求的场合，可在每端压两个坑，如图☆4-12（c）所示。对于较粗的导线或机械强度要求较高的场合，可适当增加压坑的数目。

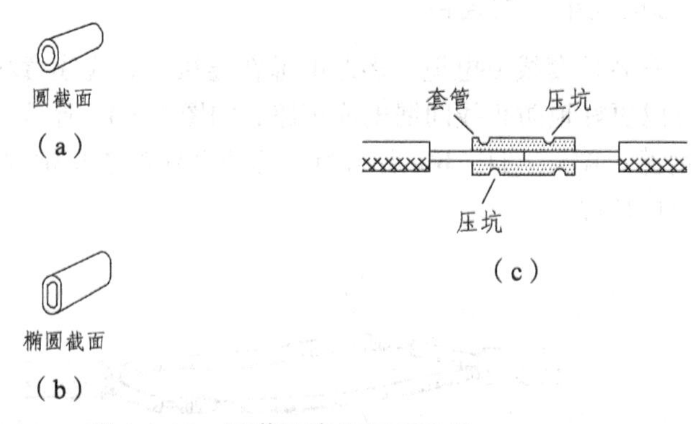

图☆4-12　圆截面套管紧压连接

（2）椭圆截面套管使用时，将需要连接的两根导线的芯线分别从左右两端相对插入并穿出套管少许，如图☆4-13（a）所示，然后压紧套管即可，如图☆4-13（b）所示。椭圆截面套管不仅可用于导线的直线压接；而且可用于同一方向导线的压接，如图☆4-13（c）所示；还可用于导线的T字分支压接或十字分支压接，如图☆4-13（d）和图☆4-13（e）所示。

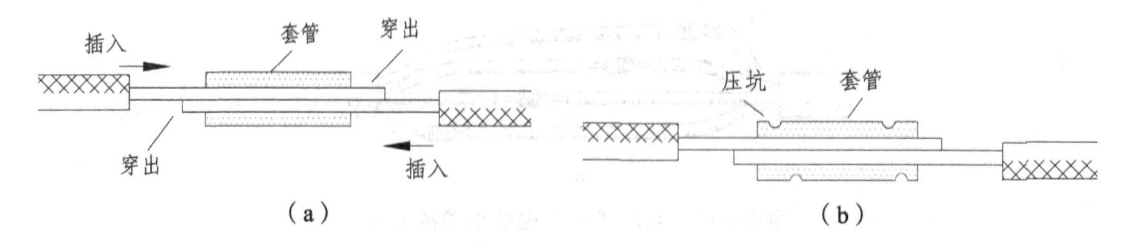

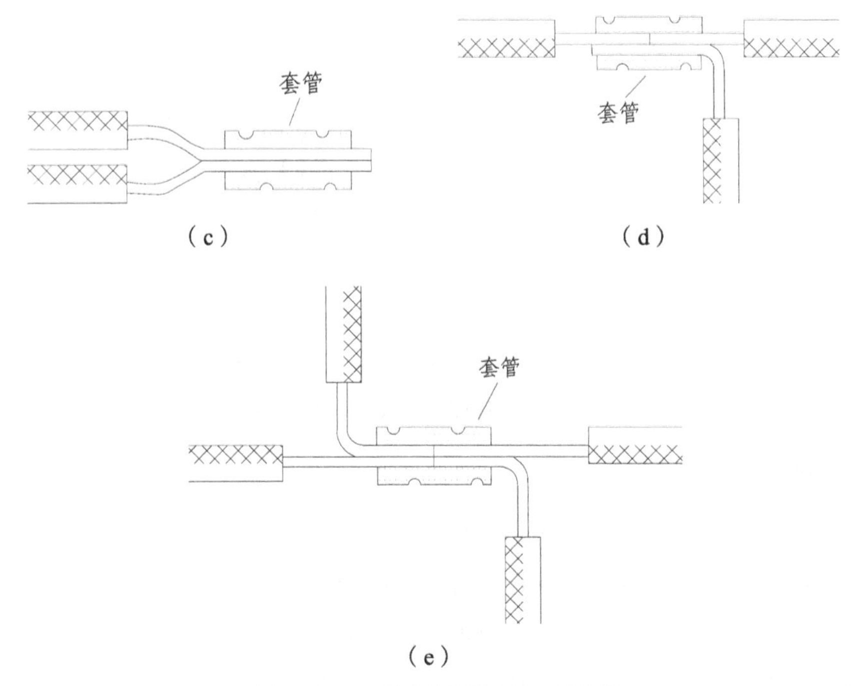

图☆4-13 椭圆截面套管紧压连接

2. 铜导线与铝导线之间的紧压连接

当需要将铜导线与铝导线进行连接时，必须采取防止电化腐蚀的措施。因为铜和铝的标准电极电位不一样，如果将铜导线与铝导线直接绞接或压接，则其接触面将发生电化腐蚀，从而引起接触电阻增大而过热，造成线路故障。常用的防止电化腐蚀的连接方法有两种。

一种方法是采用铜铝连接套管。铜铝连接套管的一端是铜质，另一端是铝质，如图☆4-14（a）所示。使用时将铜导线的芯线插入套管的铜端，将铝导线的芯线插入套管的铝端，然后压紧套管即可，如图☆4-14（b）所示。

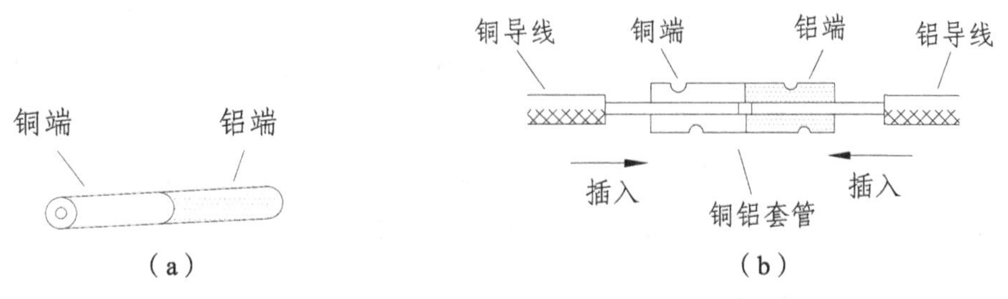

图☆4-14 铜导线与铝导线之间的紧压连接一

另一种方法是将铜导线镀锡后采用铝套管连接。由于锡与铝的标准电极电位相差较小，在铜与铝之间夹垫一层锡也可以防止电化腐蚀。具体做法是先在铜导线的芯线上镀上一层锡，再将镀锡铜芯线插入铝套管的一端，铝导线的芯线插入该套管的另一端，最后压紧套管即可，如图☆4-15 所示。

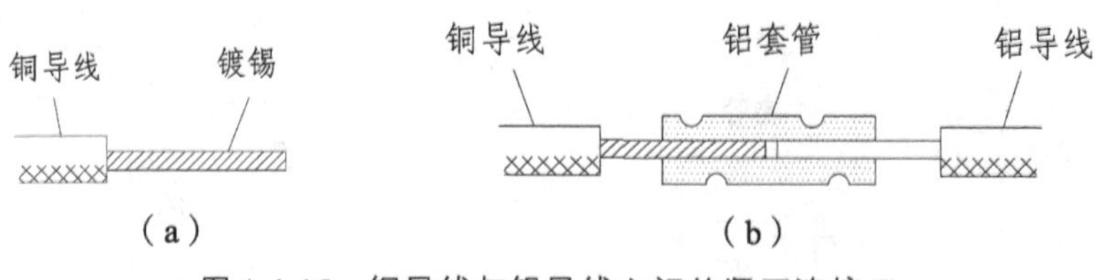

图☆4-15　铜导线与铝导线之间的紧压连接二

(三)焊　接

焊接是指将金属（焊锡等焊料或导线本身）熔化融合而使导线连接的方法。电工技术中导线连接的焊接种类有锡焊、电阻焊、电弧焊、气焊、钎焊等。

1. 铜导线接头的锡焊

(1)较细的铜导线接头可用大功率（例如 150 W）电烙铁进行焊接。焊接前应先清除铜芯线接头部位的氧化层和沾污物。为增加连接可靠性和机械强度，可将待连接的两根芯线先行绞合，再涂上无酸助焊剂，用电烙铁蘸焊锡进行焊接即可，如图☆4-16 所示。焊接中应使焊锡充分熔融渗入导线接头缝隙中，焊接完成的接点应牢固光滑。

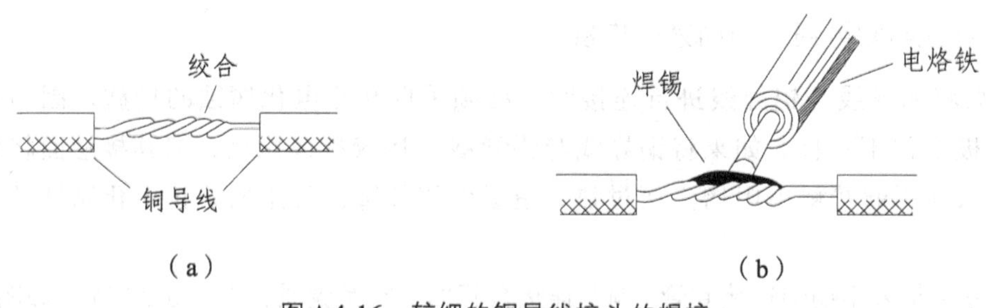

图☆4-16　较细的铜导线接头的焊接

(2)较粗（一般指截面积在 16 mm^2 以上）的铜导线接头可用浇焊法连接。浇焊前同样应先清除铜芯线接头部位的氧化层和沾污物，涂上无酸助焊剂，并将线头绞合。将焊锡放在化锡锅内加热熔化，当熔化的焊锡表面呈磷黄色时说明锡液已达符合要求的高温，即可进行浇焊。浇焊时将导线接头置于化锡锅上方，用耐高温勺子盛上锡液从导线接头上面浇下，如图☆4-17 所示。刚开始浇焊时因导线接头温度较低，锡液在接头部位不会很好渗入，应反复浇焊，直至完全焊牢为止。浇焊的接头表面也应光洁平滑。

2. 铝导线接头的焊接

铝导线接头的焊接一般采用电阻焊或气焊。电阻焊是指用低电压大电流通过铝导线的连接处，利用其接触电阻产生的高温高热将导线的铝芯线熔接在一起的方法。电阻焊应使用特殊的降压变压器（1 kVA、初级 220 V、次级 6 ~ 12 V），配以专用焊钳和碳棒电极，如图☆4-18 所示。

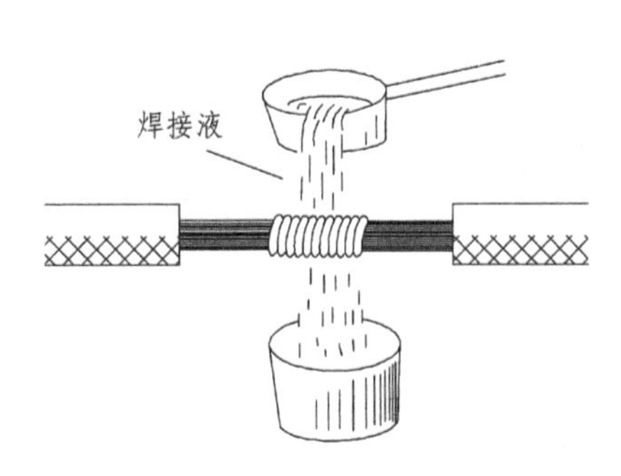

图☆4-17　较粗的铜导线接头的焊接

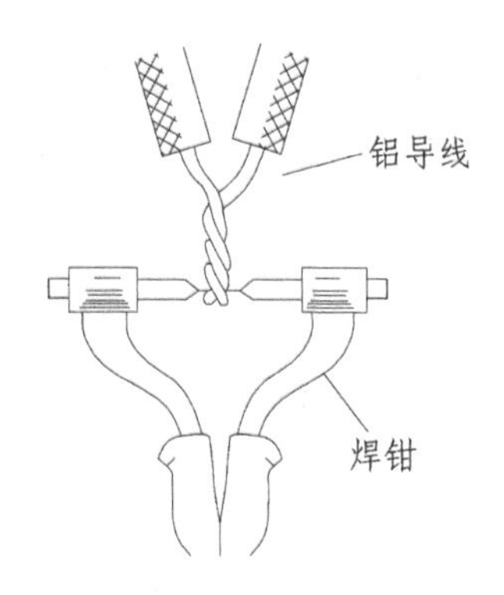

图☆4-18　铝导线接头的电阻焊接

气焊是指利用气焊枪的高温火焰，将铝芯线的连接点加热，使待连接的铝芯线相互熔融连接。气焊前应将待连接的铝芯线绞合，或用铝丝或铁丝绑扎固定，如图☆4-19 所示。

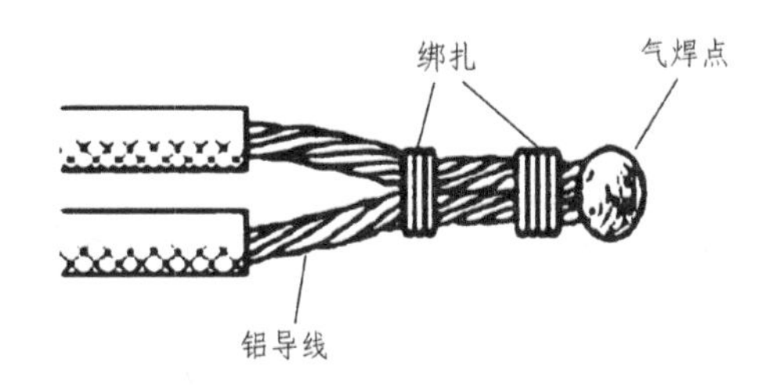

图☆4-19　铝导线接头的气焊接

（四）线头与接线柱的连接

常用接线柱：针孔式、螺钉平压式、瓦形式。

1. 线头与针孔接线柱的连接

（1）单线芯与针孔接线柱的连接。

单线芯和针孔接线柱的连接方法如图☆4-20 所示。

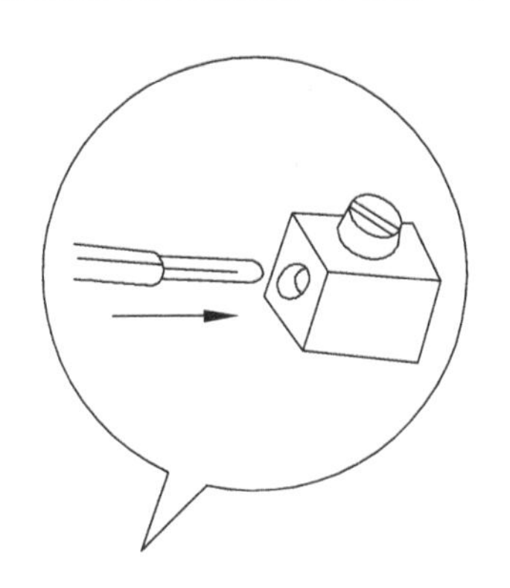

（a）芯线折成双股进行连接

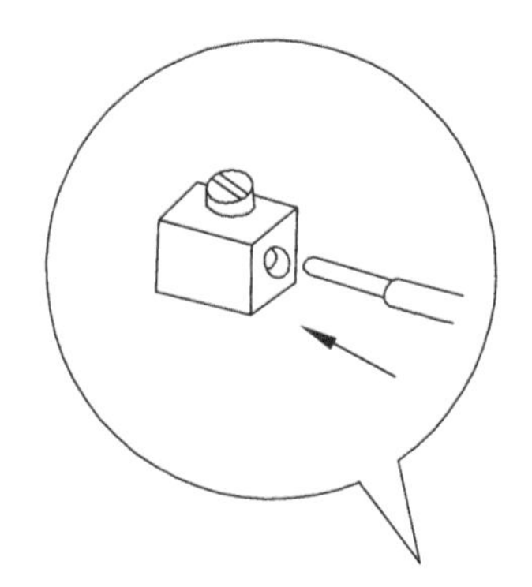

（b）单股芯线插入连接

图☆4-20　单线芯与针孔接线柱的连接

（2）多股芯线与针孔接线柱的连接。

多股芯线与针孔接线柱的连接方法如图☆4-21 所示。

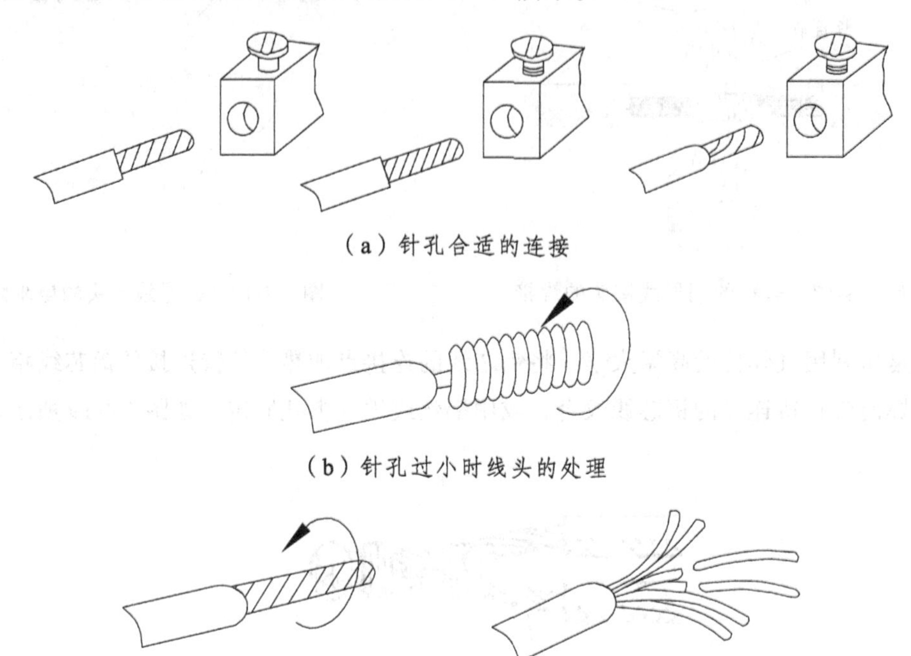

（a）针孔合适的连接

（b）针孔过小时线头的处理

（c）针孔过大时线头的处理

图☆4-21　多股芯线与针孔接线柱的连接

2. 线头与平压式接线柱的连接

（1）单线芯与平压式接线柱的连接方法如图☆4-22 所示，先将线头弯成压接圈（俗称羊眼圈），再用螺钉压紧。弯制方法如下：

① 从绝缘层根部约 3 mm 处向外侧折角。

② 按略大于螺钉直径弯曲圆弧。

③ 剪去芯线余端。

④ 修正圆圈成圆形。

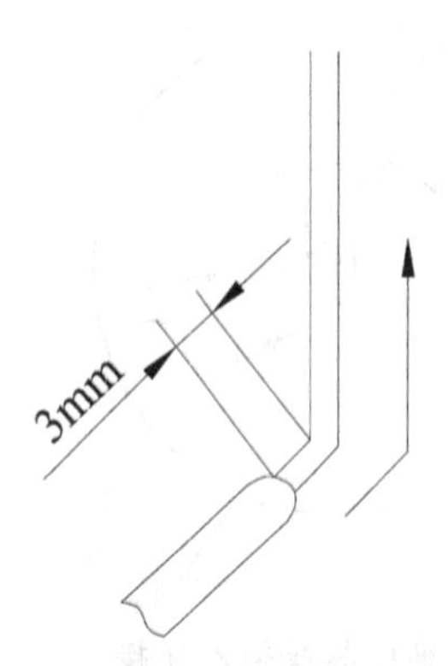

（a）离绝缘层根部约 3 mm 处向外侧折角

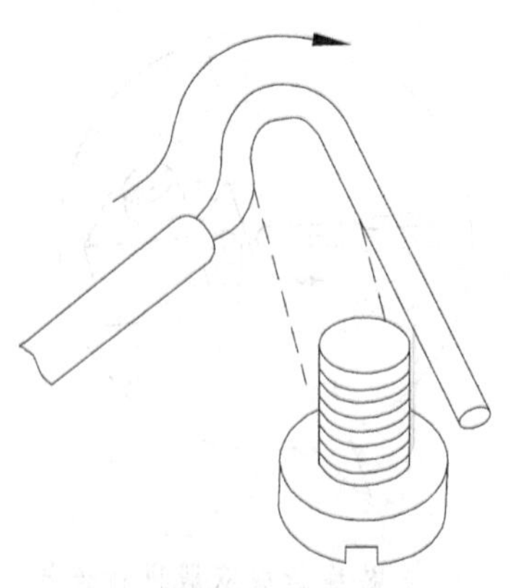

（b）按略大于螺钉直径弯曲圆弧

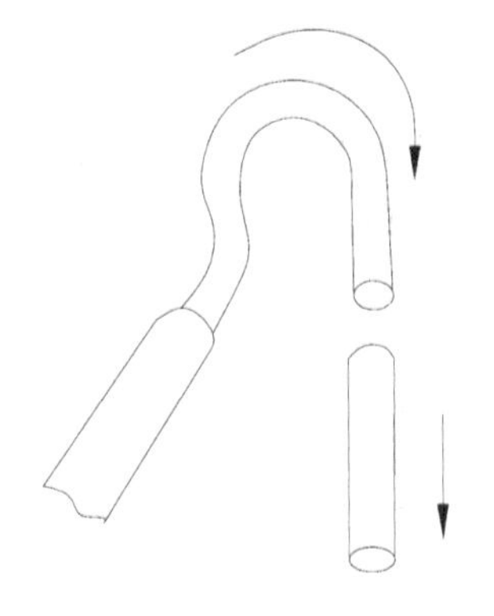

（c）剪去芯线余端

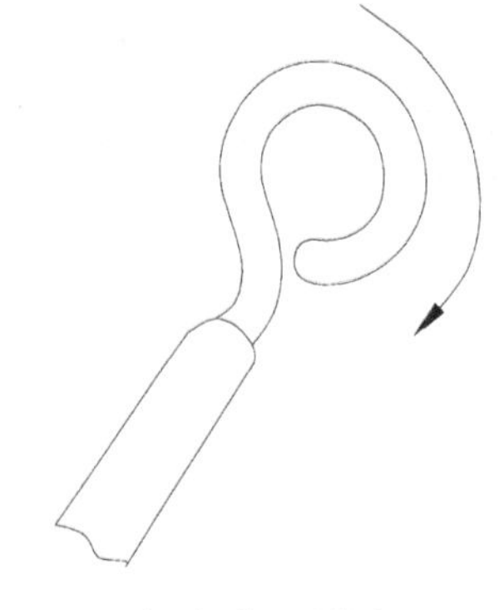

（d）修正圆圈至圆

图☆4-22　单线芯与平压式接线柱的连接

（2）多线芯与平压式接线柱的连接如图☆4-23所示。

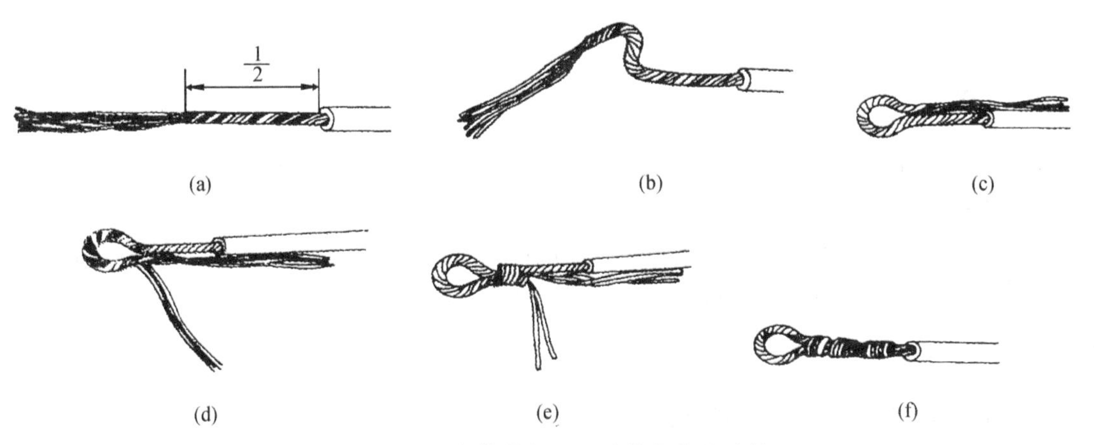

图☆4-23　多线芯与平压式接线柱的连接

弯制方法如下：

① 将离绝缘层根部约1/2处的芯线重新绞紧，越紧越好，如图☆4-23（a）所示。

② 将绞紧部分的芯线，在离绝缘层根部1/3处向左外折角，然后弯曲圆弧，如图☆4-23（b）所示。

③ 当圆弧弯曲得将成圆圈（剩下1/4）时，应将余下的芯线向右外折角，然后使其成圆形，捏平余下线端，使两端芯线平行，如图☆4-23（c）所示。

④ 把散开的芯线按2、2、3根分成三组，将第一组2根芯线扳起，垂直于芯线（要留出垫圈边宽），如图☆4-23（d）所示。

⑤ 按7股芯线直线对接的自缠法加工，如图☆4-23（e）所示。

⑥ 成型，如图☆4-23（f）所示。

注意：导线截面积超过16 mm^2时，一般不宜采用压接圈连接，应采用线端加装接线耳的方法，由接线耳套上接线螺栓后压紧来实现电气连接。

3. 线头与瓦形接线柱的连接

先将已去除氧化层和污物的线头弯成U形，再将其卡入瓦形接线柱内进行压接。如果需要把两个线头接在一个瓦形接线柱内，则应使两个弯成U形的线头重合，然后将其卡入瓦形垫圈下方进行压接，如图☆4-24所示。

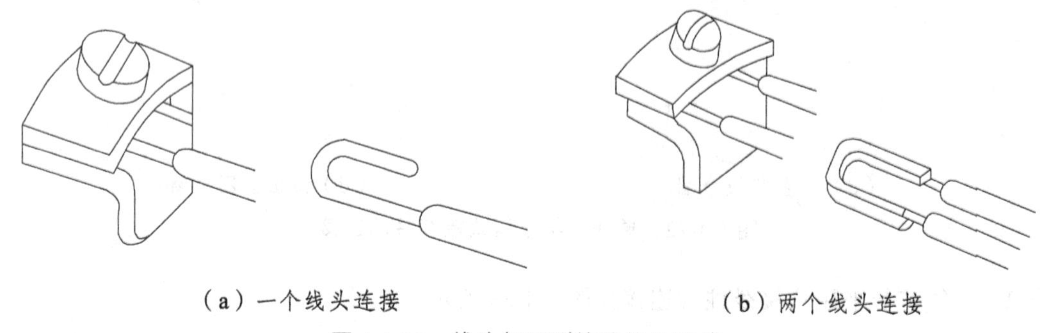

图☆4-24　线头与瓦型接线柱的连接

五、绝缘层的恢复

绝缘导线之间连接后，或遭到意外损伤后，均需恢复绝缘层，恢复后的绝缘强度应不低于导线原有的绝缘强度。

导线连接处的绝缘处理通常采用绝缘胶带进行缠裹包扎。一般电工常用的绝缘带有黄蜡带、涤纶薄膜带、黑胶布带、塑料胶带、橡胶胶带等。绝缘胶带的宽度常用的为20 mm，使用较为方便。

（一）一般导线接头的绝缘处理

一字形连接的导线接头可按图☆4-25所示进行绝缘处理，先包缠一层黄蜡带，再包缠一层黑胶带。将黄蜡带从接头左边绝缘完好的绝缘层上开始包缠，包缠两圈后进入剥除了绝缘层的芯线部分，如图☆4-25（a）所示。包缠时黄蜡带应与导线成55°左右倾斜角，每圈压叠带的1/2，如图☆4-25（b）所示，直至包缠到接头右边两圈距离的完好绝缘处。然后将黑胶带接在黄蜡带的尾端，按另一斜叠方向从右向左包缠，如图☆4-25（c）所示，仍每圈压叠带宽的1/2，直至将黄蜡带完全包缠住。包缠处理中应用力拉紧胶带，注意不可稀疏，更不能露出芯线，以确保绝缘质量和用电安全。对于220 V线路，也可不用黄蜡带，只用黑胶带或塑料胶带包缠两层，如图☆4-25（d）。在潮湿场所应使用聚氯乙烯绝缘胶带或涤纶绝缘胶带。

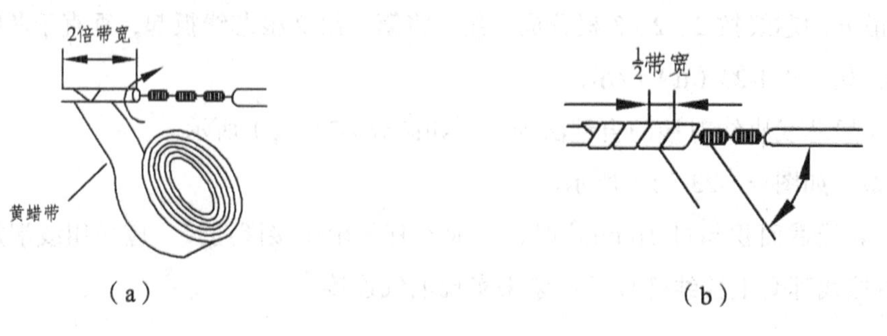

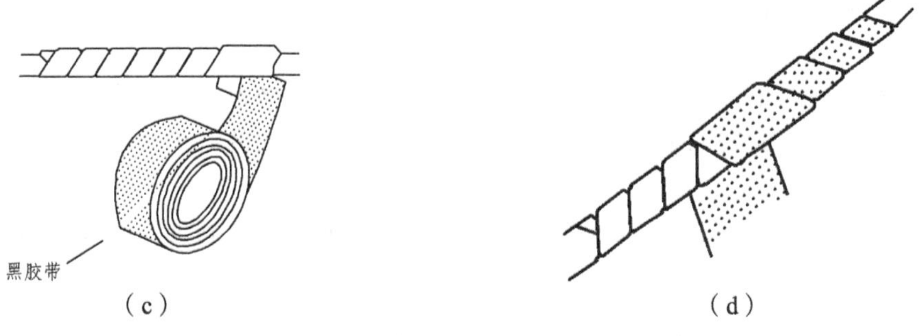

图☆4-25　一般导线接头的绝缘处理

（二）T 字分支接头的绝缘处理

导线分支接头的绝缘处理基本方法同上，T 字分支接头的包缠方向如图☆4-26 所示，走一个 T 字形的来回，使每根导线上都包缠两层绝缘胶带，每根导线都应包缠到完好绝缘层的两倍胶带宽度处。

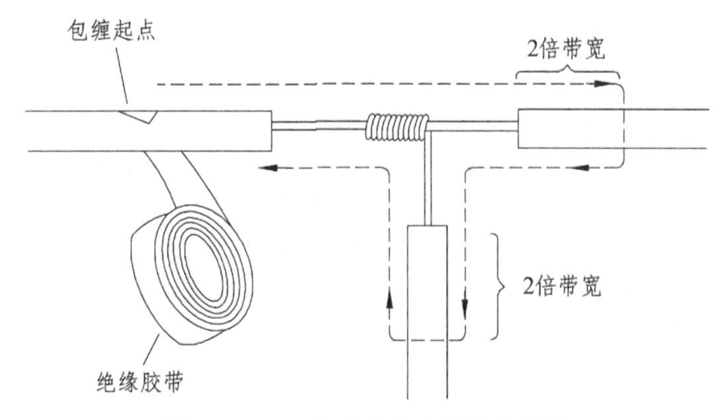

图☆4-26　T 字分支接头的绝缘处理

（三）十字分支接头的绝缘处理

对导线的十字分支接头进行绝缘处理时，包缠方向走一个十字形的来回，使每根导线上都包缠两层绝缘胶带，每根导线也都应包缠到完好绝缘层的两倍胶带宽度处。

☆模块五　室内照明线路的安装要求和配线工序

由导线及其支持物件组成的配电线路起着输送电能的作用，能把电能输送到每个供电和用电环节。线路的种类很多，根据其安装方式不同可分为户内外配电线路、架空线路和电缆线路等。要使各种用电设备能够正常运行，就必须确保配电线路的安全可靠。为此电工必须正确掌握配电线路安装和维修方面的操作技术。

一、室内线路的安装要求

室内线路（即户内线路）有明线和暗线两种敷设方法。敷设在室内墙壁、地坪、顶棚及楼板等处内部的导线称为室内暗线。室内线路的配线方式常用的有护套线、线槽配线、线管配线等。

室内线路的安装除了要满足基本线路的要求外，还必须同时满足配电线路总的通用技术要求。

1. 配电线路总的通用技术要求

（1）必须有足够的绝缘强度。配电线路的绝缘除应能保证承受正常工作电压外，还应能承受一定的过电压。对运行中线路的绝缘电阻一般规定为：相线对大地或对中性线之间不应小于 0.22 MΩ；相线对相线之间不应小于 0.38 MΩ；在潮湿、具有腐蚀性气体或水蒸气的场所，导线的绝缘电阻允许适当降低，但不应低于原标准的 50%；对于 36 V 安全电压的线路，也不应小于 0.22 MΩ。对新安装的低压线路，其绝缘电阻均不应小于 0.5 MΩ。

（2）必须有足够的机械强度。配电线路除应能担负其自重产生的拉力外，还应能承受安装、维修等外力以及热胀冷缩产生的内应力。导线机械强度的安全系数不宜低于 2.5。

（3）导线必须满足电流通过时产生的发热温度要求。配电线路在正常运行时的最高温度为：铜铝母线（裸导线）不应超过 70 °C，各类绝缘导线不应超过 65 °C。

（4）线路导线截面的选择。可参阅☆模块四中的绝缘导线的载流量。

（5）所选的导线安全载流量必须与熔断器的熔体额定电流相配合。

（6）必须满足线路允许的电压降。电流通过线路时产生的电压降一般不宜超过 4%。

（7）必须满足连续性试验要求。明、暗管线的钢管、电缆线路的金属包皮应成为连续的导电体，即从总开关邻近的一点起到户内线路装置的任何一点止，任意两点之间的电阻不应大于 1 Ω。

（8）线路敷设方式必须满足使用场所的要求。配电线路有多种敷设方式，各种配线方式的适用范围见表☆5-1。表中易燃易爆场所一项是指有高度易燃危险和有一般易燃危险或可能爆炸的场所，如汽油提炼车间、乙炔站、电石仓库、油漆生产车间、氧气站等。表中可燃场所一项是指一般可燃物的生产或加工场所。

表☆5-1　各种配线方式的适用范围

敷设方法	敷设场所					
	干燥	潮湿	户外	可燃场所	腐蚀场所	易燃易燃爆场所
电缆线路	√	√	√	√	√	√
槽板配线	√					
瓷夹明线	√					
瓷柱明线	√	√	√	√		
瓷瓶明线	√	√	√	√	√	
塑料护套线	√	√	√	√	√	
明、暗管线	√	√	√	√	√	√

（9）中性线最小截面积的规定。配电线路中，中性线截面积 S_N 由相线截面积 S_L 来决定，其规定是：

在单相二线或二相三线制供电方式中：$S_N = S_L$

在三相四线制供电方式中：

当相线截面积 $S_L \leqslant 16\ \text{mm}^2$ 时，即 $S_N = S_L$

当相线截面积 $S_L \geqslant 16\ \text{mm}^2$ 时，应同时满足下列要求，即 $S_N \geqslant 16\ \text{mm}^2$，$S_N \geqslant S_L/2$

（10）严禁将专用保护线用作中性线。

2. 室内线路的基本要求

室内配电线路除了应符合上述配电线路的通用技术要求外，还应满足以下基本要求：

（1）使用不同电价的用电设备，其线路应分开；使用相同电价的用电设备，允许安装在同一线路上，如小功率电动机、电炉，允许与照明线路共用。具体安排线路时，还应考虑到检修和事故照明等需要。

（2）不同电压和不同电价的线路应有明显区别。

（3）照明线路的每一支路，装接电灯数和插座数的总和一般不可超过 25 只，同时，每一支路的最大负荷不应超过 15 A。电热线路的每一支路，装接的插座数一般不超过 6 只，同时，每一支路的最大负荷电流不应超过 30 A。

（4）在线路导线截面减小的地方或线路的分支处，一般均应安装一组熔断器。但符合下列情况之一时，则允许免装：

① 当导线截面减小后或分支线的导线安全载流量不小于前一段有保护的导线安全载流量的 50%时。

② 当前一段有保护的线路，已经装有熔体且其额定电流不大于 20 A 时。

③ 当管子线路分支导线的长度不超过 30 m 或明敷设线路分支导线长度不超过 1.5 m 时。

（5）室内线路的敷设方法，应适应使用环境要求，可参阅表☆5-1。

（6）室内线路使用的导线，其额定电压应大于线路工作电压，对明敷设的导线应采用绝缘导线，导线的最小截面积和敷设距离应符合表☆5-2 的规定。

表☆5-2　室内明线敷设导线的最小截面积和距离

<table>
<tr><th rowspan="3">配线方式</th><th colspan="2" rowspan="2">绝缘导线最小截面积/mm²</th><th colspan="2" rowspan="2">绝缘导线截面积/mm²</th><th colspan="4">敷设距离</th></tr>
<tr><th rowspan="2">前后支持物间最大距离/m</th><th rowspan="2">线间最小距离/mm</th><th colspan="2">与地面最小距离/m</th></tr>
<tr><th>铜芯</th><th>铝芯</th><th>铜芯</th><th>铝芯</th><th>水平敷设</th><th>垂直敷设</th></tr>
<tr><td rowspan="2">瓷夹板</td><td rowspan="2">1.0</td><td rowspan="2">1.5</td><td>1.0～2.5</td><td>1.0～2.5</td><td>0.6</td><td rowspan="2">—</td><td rowspan="2">2.0</td><td rowspan="2">1.3</td></tr>
<tr><td>4.0～10</td><td>4.0～10</td><td>0.8</td></tr>
<tr><td rowspan="3">瓷柱</td><td rowspan="3">1.0</td><td rowspan="3">2.5</td><td>1.0～2.5</td><td>1.0～2.5</td><td>1.2～1.5</td><td>35</td><td rowspan="3">2.0</td><td rowspan="3">1.3</td></tr>
<tr><td>4.0～10</td><td>4.0～10</td><td>1.2～2.0</td><td>50</td></tr>
<tr><td>16～25</td><td>16～25</td><td>1.2～2.5</td><td>50</td></tr>
<tr><td rowspan="2">瓷瓶</td><td rowspan="2">2.5</td><td rowspan="2">4.0</td><td></td><td>4.0</td><td>6.0（吊灯 3）</td><td>100</td><td rowspan="2">2.0</td><td rowspan="2">1.3</td></tr>
<tr><td>≥2.5</td><td>≥6.0</td><td>10（吊灯 3）</td><td>150</td></tr>
<tr><td>护套线</td><td>1.0</td><td>1.5</td><td>—</td><td>—</td><td>0.2</td><td>—</td><td>0.15</td><td>0.15</td></tr>
</table>

（7）为确保安全，室内电气管线和配电设备及其他管道、设备间的最小跨度应符合表☆5-3 的规定。

表☆5-3　室内电气管线和配电设备与其他管道、设备间的最小距离　　单位：m

类别	管道与设备名称	管内导线	明线绝缘导线	裸母线	滑触线	配电设备
平行	煤气管	0.1	1.0	1.0	1.5	1.5
	乙炔管	0.1	1.0	2.0	3.0	3.0
	氧气管	0.1	0.5	1.0	1.5	1.5
	蒸气管	上 0.1/ 下 0.5※	上 0.1/ 下 0.5※	1.0	1.0	0.5
	暖水管	上 0.3/ 下 0.2※	上 0.3/ 下 0.2※	1.0	1.0	0.1
	通风管	—	0.1	1.0	1.0	0.1
	上下水管	—	0.1	1.0	1.0	0.1
	压缩空气管	—	0.1	1.0	1.0	0.1
	工艺设备	—	—	1.0	1.5	—
交叉	煤气管	0.1	0.3	0.5	0.5	—
	乙炔管	0.1	0.5	0.5	0.5	—
	氧气管	0.1	0.3	0.5	0.5	—
	蒸气管		0.3	0.5	0.5	—
	暖水管		0.1	0.5	0.5	—
	通风管		0.1	0.5	0.5	—
	上下水管		0.1	0.5	0.5	—
	压缩空气管		0.1	0.5	0.5	—
	工艺设备	—	—	1.5	1.5	—

注：“※”表示分子数字为电气管线敷设在管道上面距离，分母数字为敷设在管道下面距离。

（8）配线时，应尽量避免导线有接头，若允许有接头时，应采用压接或熔接。但穿在管内的导线，在任何情况下都不能有接头。必要时，应把接头放在接线盒、开关盒或灯头盒内。

（9）导线穿墙、穿过吊顶及穿过楼板时，应采用保护管。保护管有瓷管、钢管和硬塑料管。但当穿过楼板离地不足表☆5-3 规定的距离时，导线也应加保护管，但不应采用瓷管保护。穿墙导线采用瓷管保护时，瓷管伸出墙面至少 10 mm。若穿向室外，则必须一根瓷管穿一根线，但其他场合不属此列。各保护管管径仍然根据管内导线的总截面积（包括绝缘层）来选择，不应超过管子有效截面积的 40%。

二、室内线路的配线工序

室内线路的敷设方法有多种，虽然各配线工序有所差异，但基本点是相同的。

（1）购领器材。按施工图样列出所需器材清单，购领器材。

（2）器材预检。对器材的品种、规格、数量、外观及质量进行预检，发现质量问题及时更换。

（3）划线定位。按施工图画出线路走向及各电器的位置。

（4）支持准备。在土建抹灰前（新建），将线路、电器安装所需的孔、槽凿打好，同时预埋好安装用的木榫、塑料胀管或膨胀螺栓的套筒。必须指出：凡有渗漏可能的敷设面上不得使用木榫。对管线还要按尺寸弯好和接长线管等。

（5）支持物。它包括装角钢支架、铝夹片、固定电线管、穿好引线及安装绝缘子等。

（6）施放导线。施放导线前，应核对导线类型和规格，符合规定后，方可施放。

（7）收紧导线。对护套线线路应在敷线中同时进行紧线。导线的松紧程度应按季节调整。

（8）安装电器。电器安装要求做到平直、牢固。

（9）线路接线。接线必须正确、规范。

（10）线路检验。质量合格后才能通电校验。

☆模块六　常用配线方式

一、线管配线

采用线管配线就是将绝缘导线穿在管内敷设，这样可以防止导线受到腐蚀和外来机械损伤。而这种用来穿电线的管子叫电线管。

（一）线管的分类

根据不同的材料，线管分为金属材线管和非金属线管。

1. 金属材料管

水煤气管：适于有机械外力或有轻微腐蚀气体的场所作明敷设或暗敷设。
薄钢管：适于干燥场所敷设，内外壁均涂有一层绝缘漆。
金属软管：既有相当的机械强度，又有很好的弯曲性，用于需要活动的地点。

2. 非金属材料管

（1）塑料管：在常温下抗冲击性能好，耐酸、碱、油性能好，但是易变形老化，强度不如钢管。塑料管分为硬型管和软型管两类。硬型管适用于在腐蚀性较强的场所作明、暗敷设。软型管质轻、刚柔适中，适于作电气软管。

（2）瓷管：在导线穿过墙壁、楼板以及导线交叉敷设时用它起保护作用。

（二）安装要求

（1）管内导线一般不应超过 10 根。铜芯导线的最小截面积不得小于 1 mm^2，铝芯导线的最小截面积不得小于 2.5 mm^2，导线绝缘强度不应低于交流 500 V。

（2）穿进管内的导线不允许有接头，所有接头和分支均应在线盒中进行，接头需要黄蜡带扎好，而后涂上沥青加强绝缘。

（3）不同变压器的电源线，电流不平衡的几根导线，不同的电压等级的线路，不得装入同一管内。另外，互为备用的线路（如工作照明与应急照明线路）导线，也不得装在同一管内，否则就失去了备用的意义。

（4）管内布线应尽可能减小转角或弯角，转角越多，穿线越困难。为了便于穿线，规定线管超过下列长度，必须加装接线盒：无弯角时，不超过 45 m；有一个弯角转角时，不超过 30 m；有 2 个弯角转角时，不超过 20 m；有 3 个弯角转角时，不超过 12 m。

（5）明管敷设时管径不同的管卡间距如下：管径在 20 mm 及以下时，管卡间距为 1 m；管径在 25 ~ 40 mm 时，管卡间距为 1.2 ~ 1.5 m；管径在 50 mm 及以上时，管卡间距为 2 m。

（6）在混凝土内暗管敷设的线管，必须使用壁厚为 3 mm 及以上的线管；当线管的外径超过混凝土的 1/3 时，不准将线管埋在混凝土内，以免影响混凝土的强度。

（7）硬塑料管穿过楼板时，距地面 0.5 m 的一段塑料管需要用钢管保护。

（8）敷设在含有对导线绝缘有害的水蒸气、气体或多尘房屋内的线管，以及敷设在可能进入的油、水等液体的场所的线管，其连接处必须密封。为了达到密封的目的，在与出线盒、电器用具连接的管口，都要用绝缘填料（温度不超过 65 ~ 70 °C）灌封，长度为 20 ~ 30 mm。

（三）切割塑料管

切割塑料管宜用专用剪刀，也可用钢锯锯断。

专用剪刀可以切割 16 ~ 40 mm 的圆管。使用专用剪刀切割管子时，先打开手柄，把塑料管放入刀口内，把握手柄、棘轮或棘齿锁住刀口；松开手柄后再紧握，直到塑料管被切断。

用专用剪刀切割塑料管，管口光滑。若用钢锯切割，管口处应该加以光洁处理后再进行下一道工序。

（四）塑料管弯管

塑料管弯管方法通常有以下方式：

1. 直接加热法弯管

直接加热法弯管适用于管径在 20 mm 及以下的塑料管。将加热的部分在热源上匀速转动，使其受热均匀，待塑料软化时，趁热在木模上弯曲成型，如图☆6-1 所示。

2. 灌沙加热法弯管

灌沙加热法弯管适用于管径在 25 mm 及以上的硬塑料管。对于这种内径较大的管子，如果直接加热，很容易使其弯曲部分变扁。为此，应先在管内灌沙粒并捣紧，塞住管子两端，再加热，并在模具上弯曲成型。

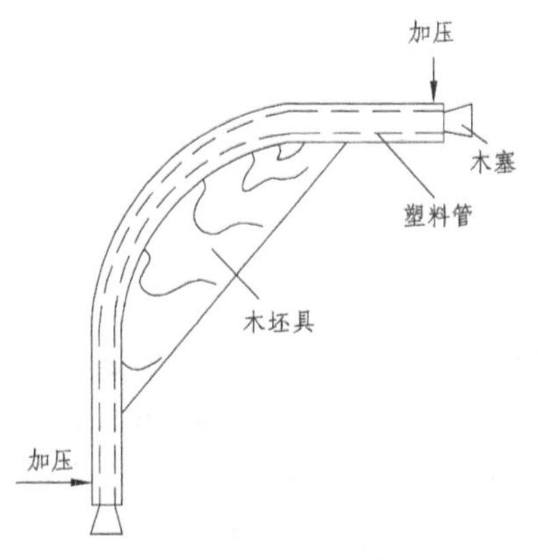

图☆6-1　直接加热法弯管

3. 用弯簧弯管

将弯管弹簧（简称弯簧）插入 PVC 管内需要弯管处，两手抓牢管子两头，顶在膝盖上用手扳，逐步弯出所需弯度，然后抽出弯簧（当弯曲较长的管子时，可将弯簧用镀锌铁丝拴牢，以便拉出弯簧），如图☆6-2 所示。

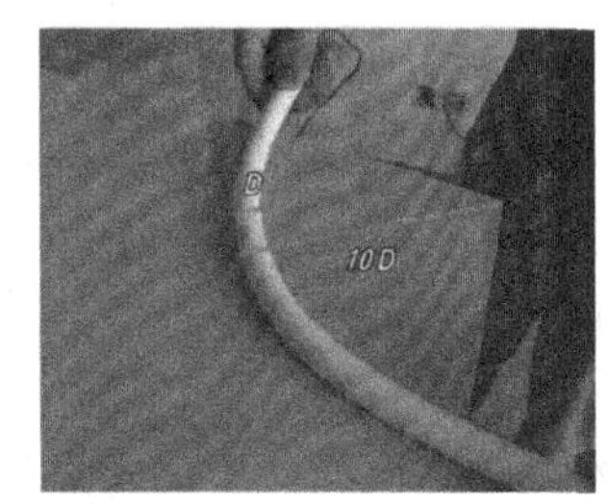

图☆6-2　用弯管弹簧弯管

（五）连接塑料管

塑料管连接可以使用胶接或者热熔的方法，一般使用专用配套套管（即接头）。

（1）胶接步骤如下：

步骤 1：清洁干燥管头和套管。

步骤 2：将管头和套管涂上专用黏合剂，如图☆6-3 所示。

图☆6-3　涂上专用黏合剂

步骤 3：涂抹专用黏合剂后立即将管头扭动插入套管。

（2）热熔采用专业的热熔机进行连接。

（六）敷设塑料管

塑料管配线分为明配线和暗配线两种。明配线是将线管敷设于墙壁、桁架等的表面；暗配线是将线管敷设于墙壁、地坪或楼板内部，要求管线短，弯线少，便于穿越。

1. 固定明敷设塑料管

（1）塑料管明敷布线的线管用管卡（俗称骑马）来支持。单根线管可选用成品管卡，其规格的标称方法与线管相同，选用时必须与管子规格相匹配。

（2）明管敷设时在穿越墙壁或楼板前后也应各装一个支持点；进、出木台或配电箱也应各装一个支持点；直线段两个支持点的间距根据管径选择。

（3）管口进入木台或箱体，管口应伸入木台（配电箱或控制箱等）10 mm。如果是钢制箱体，应用薄型螺母内外对向拧紧；在进木台（或木箱）前在进管口处的线管应小幅度弯曲，不能直线伸入。

2. 固定暗敷塑料管

按埋设方式，暗管的敷设分为预埋和现埋两种，现埋方法因室内装潢兴起，采用的越来越多。暗敷布线具有美观、防水防潮、不受有害气体的侵蚀和外部机械性损伤、使用年限长、容易更换导线等优点，因此使用范围很广，但其造价高且维修不便。

暗敷布线现埋施工步骤和要求如下：

（1）在建筑面上标画走向线。在有些建筑面上允许进行有规则的斜向标画。

（2）按走向线进行凿打埋管槽，以及按标画的接线盒进行凿打接线盒埋穴。

（3）参照技术要求在应设线管固定点的槽底中心凿打榫孔。

（4）埋装接线盒应使盒口略伸出砖砌面而凹入粉刷面 3 ~ 5 mm，切不可凸出粉刷面。同时，盒体必须安装端正，并在线管通入侧的盒壁上打通敲落孔（即敲去孔上未经敲落的孔盖），且应使孔与线槽对准，以便于使线管通入盒中。按深度分，接线盒可分为普通盒和加深盒，当盒内接线头较多时用加深盒。暗敷设线盒的外形如图☆6-4 所示。

图☆6-4　暗敷线盒

（5）埋设线管。埋管前应先在管中穿入引线，尤其是长线管，更应预先穿入引线。埋管时，应从一端线盒埋到另一端，方法是：先把线管的一段伸入线盒中，然后逐段推管入槽，再把线管初步固定下来，不让线管弹出埋槽即可，不许完全固定，以免影响下一步线管的整体调整。

（6）逐段整理线管，应使线管处处平整，贴住槽底，凡调整过的部分，应立即用铅丝绑扎固定住线管，不应出现再整理某部分影响到已整好的其他部分的情况。

【**温馨提示**】在开始整理时，应先调整线管两端伸入接线盒的长短，每段接线盒应不少于10 mm。

（7）在埋管前尚未穿过引线的管段，即应补穿引线。

（8）用质量比为1∶2的水泥与粗黄沙调制的砂浆，填封埋管槽和接线盒埋穴的空隙，但填封应与砖砌面齐平，不要超出砖砌面。待线管和接线盒被砂浆凝固后，应把每个盒内多余管口截去，管口与盒内壁距离以2～3 mm为宜。

（七）线管穿线

线管穿线过程：穿线准备→扎线接头→穿线。

1. 穿线准备

步骤1：在穿线前必须检查管口是否倒角，是否有毛刺，以免穿线时割伤导线。

步骤2：向管内穿ϕ1.2～ϕ1.6 mm的引线钢丝，用它将导线拉入管内。如果管径较大，转弯较小，可将引线钢丝从管口一端直接穿入，为了避免壁上凸凹部分挂住钢丝，要求将钢丝头部做成环形弯钩。如果管道较长，转弯较多或管径较小，一根钢丝无法直接穿过时，可用两根钢丝分别从两端管口穿入，但应将引线钢丝端头弯成U形钩状，使两根钢丝穿入管子并能互相钩住。也可以使用专用穿线器进行穿线，如图☆6-5所示。

图☆6-5　专用穿线器

步骤3：将要留在管内的钢丝一端拉出管口，使管内保留一根完整钢丝。

步骤4：两头伸出管外，并绕成一个大圈，使其不能缩入管内，以备穿之用。

步骤5：用引线钢丝穿线时，将钢丝扳成环形，短的绕在长的上3圈，或者将钢丝弯成弯钩状。

2. 扎线接头

进行穿线的导线长度按照管子的长度加上余量，导线剥皮、穿环后成U形弯曲，把短的一头绕在长的上面3圈将其紧扎在引线头部。

3. 穿　线

在管口套上橡胶或塑料护圈，以避免穿线时在管口内侧割伤导线绝缘层。然后由两个人在管子两端配合穿线入管，位于管子左端的人慢慢拉引线钢丝，管子右端的人慢慢将线束送入管内。如果管道较长，转弯太多或管径较小而造成穿线困难时，可在管内加入适量滑石粉减小摩擦力；但不能用油脂或石墨粉，以免损伤导线绝缘或将导电粉带入管道内。

二、槽板配线

槽板布线是室内照明线路布线常用的一种方式，布线时把绝缘导线敷设在槽板的线槽内，上面用盖板把导线盖住。这种布线适用于干燥房屋，也适用于工程改造更换线路与弱电线路吊顶内暗敷等场所使用。槽板布线通常在墙体抹灰粉刷后进行。

（一）槽板的分类

槽板根据材料的不同分为木槽板和塑料槽板，根据槽数分为双线槽板和三线槽板。

槽板应紧贴建筑表面，并尽量沿房屋的线脚、墙脚、横梁等敷设，要与建筑物的线条平行或垂直。

（二）槽板敷设要求

1. 拼接方式

（1）对接：底板盖板均锯成45°角的斜口，底板与盖板的接口应错开20 mm以上，如图☆6-5所示。

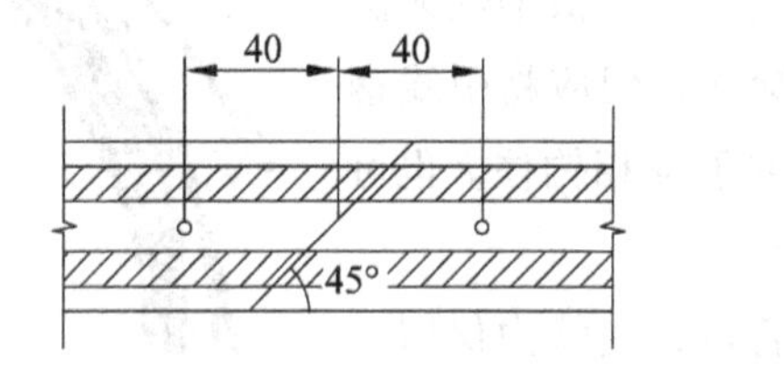

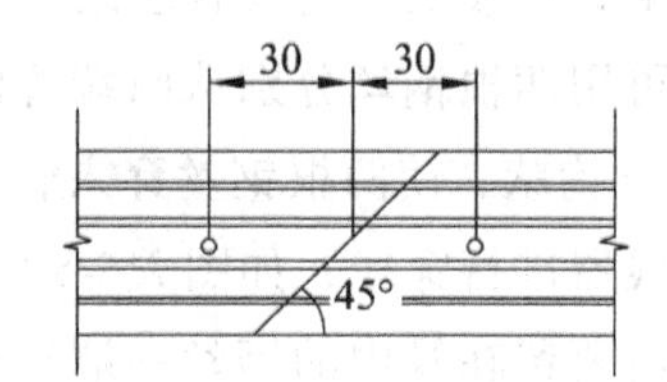

图☆6-5　槽板对接（单位：mm）

（2）拐角连接：两根槽板的端部均锯成45°度角的斜口，如图☆6-6所示，并把拐角处的线槽内侧削成圆弧形，以利于布线。

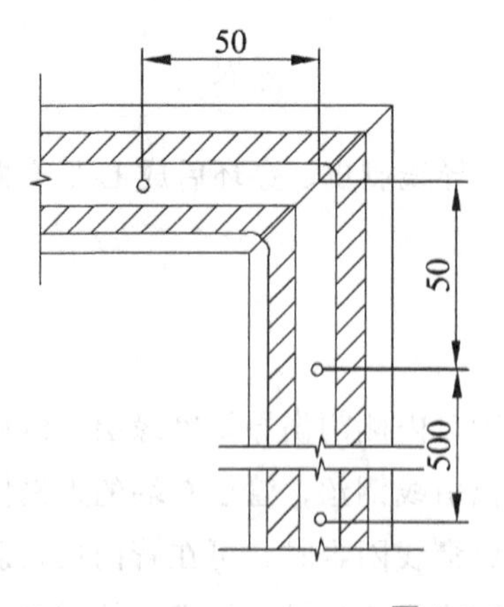

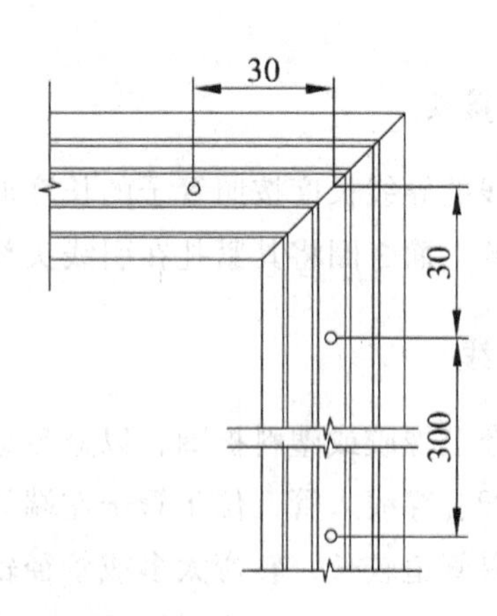

图☆6-6　槽板拐角连接

（3）分支连接：在拼接处锯成 90°角的缺口和斜口，在拼接处把底板的筋铲平，以便导线通过，如图☆6-7（a）所示。

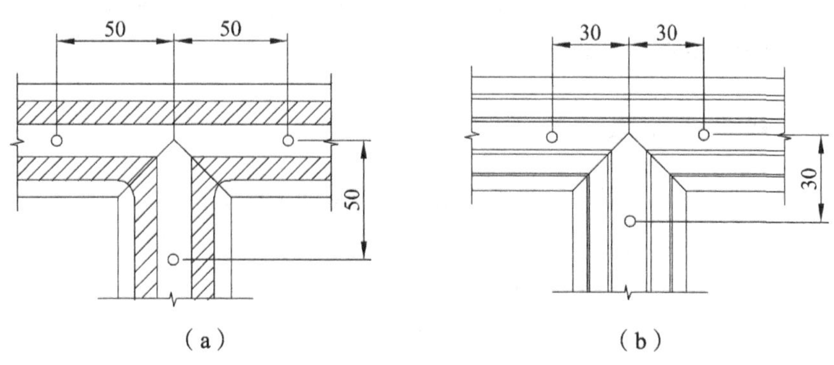

图☆6-7　槽板分支连接（单位：mm）

2. 固定方式

（1）底板：中间固定点间距 500 mm，在起点或终点 30 mm 处固定。

（2）盖板：中间固定点间距 30 mm，在起点或终点 30 ~ 40 mm 处固定，如图☆6-7（b）所示。槽板敷设照明线路示意图，如图☆6-8 所示。

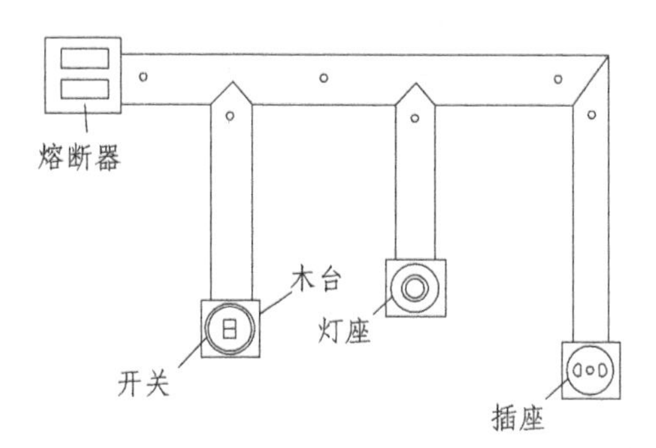

图☆6-8　槽板敷设示意图

3. 基本要求

（1）一条支路安装一根槽板。

（2）在槽内不准有接头，必要时可装设接线盒。

（3）在同一线槽内不得敷设不同相位的导线。

（4）应通过电器底座再与电器相连。

（5）槽板应伸入电器底座 5 mm 左右。

（6）在终端处，底板锯成斜口，盖板接底板斜度折覆固定。

三、护套线配线

护套线以聚氯乙烯塑料作为绝缘层材料。它是进行明线安装的一种方式，具有防潮、耐酸、耐腐蚀、线路造价较低、安装方便等优点，既可以取代部分线管的功能，价格又便宜。根据不同的安装场所和用途，选择不同的导线。

（一）护套线的分类

护套线根据不同的芯线数分为双芯护套线、三芯护套线、四芯护套线、五芯护套线等。在照明线路中一般采用双芯和三芯的硬质护套线。

（二）护套线敷设要求

（1）可直接敷设在空心楼板内和建筑物表面，用铝线卡作支持物。
（2）不能直接埋在抹灰层内暗敷设，不得在室外露天场所明敷设。
（3）中间支持点间距 150 ~ 200 mm。
（4）其他各种情况的支持点间距 50 ~ 100 mm。
（5）直敷要横平竖直。
（6）弯敷时，弯曲半径不应小于护套线宽度的 3 ~ 6 倍。
（7）接头应在开关、灯头盒和座等处，必要时装设接线盒。
（8）当敷设在空心楼板时，中间不允许有接头。
（9）规格要求：
室内：① 铜芯≥0.5 mm^2；② 铝芯≥1.5 mm^2。
室外：① 铜芯≥1 mm^2；② 铝芯≥2.5 mm^2。
护套线必须通过线卡进行固定。线卡分为钢钉塑料线卡、塑料线卡、铝线卡等。
护套线敷设如图☆6-9 所示。

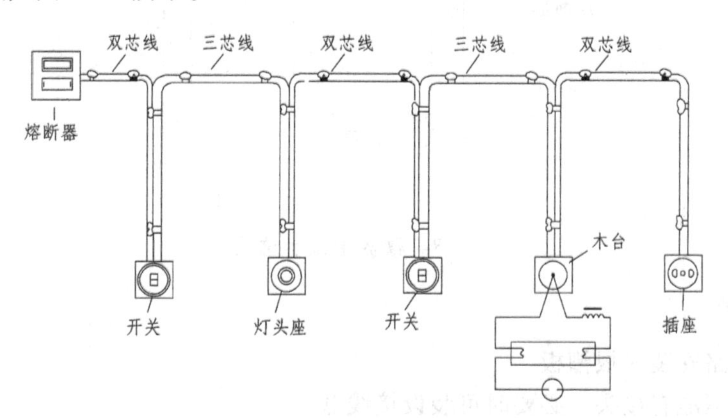

图☆6-9　护套线敷设

☆模块七　灯具、开关和插座

一、灯　具

凡可以将其他形式的能量转换成光能，从而提供光通量的设备、器具统称为光源。而其中可以将电能转换为光能，从而提供光通量的设备、器具则称为电光源，一般分为热辐射型电光源、气体放电型电光源和固体发光源三大类。在实际应用中，可根据具体情况，选择各种电光源。

（一）热辐射型电光源

热辐射型电光源是电流流经导电物体，使之在高温下辐射光能的光源，主要包括白炽灯和卤钨灯。它们都是以钨丝为辐射体，通电后使之达到白炽温度，产生热辐射。热辐射型电光源目前是重要的照明光源，生产数量很大。

1. 白炽灯

白炽灯是目前使用最为广泛的光源。白炽灯具有结构简单、价格低廉、开灯即亮并可方便地实现连续调光等优点，缺点是寿命短、耗能大、光效低，目前正逐渐被节能灯等新型电光源取代。

2. 卤钨灯

卤钨灯是灯内的填充气体中含有部分卤族元素或卤化物的充气白炽灯。卤钨灯具有普通照明白炽灯的全部特点，光效和寿命比普通照明白炽灯提高一倍以上，而且体积较小，广泛应用于会议室、展览厅、客厅、商业照明、影视舞台、仪器仪表、汽车、飞机以及其他特殊照明等领域。

（二）气体放电型电光源

气体放电型电光源是指电流流经气体或金属蒸气，使之产生气体放电而发光的光源。根据这些光源中气体的压力，又可分为低气压放电光源和高气压放电光源。低气压放电光源包括荧光灯、低压钠灯；高气压气体放电光源包括高压汞灯、高压钠灯和金属卤化物灯。

1. 荧光灯

荧光灯俗称日光灯，具有光效高、寿命长、光色好等特点。用直管型荧光灯取代白炽灯，可以节能 70%～90%，寿命延长 5～10 倍。

2. 低压钠灯

低压钠灯，其特点是发光效率高、寿命长、光通维持率高、透雾性强，但显色性差，主要应用于隧道、港口、码头、矿场等场合。

3. 高压汞灯

高压汞灯又称为高压水银灯，其使用寿命是白炽灯的 2.5～5 倍，发光效率是白炽灯的 3 倍，耐振、耐热性能好，线路简单，安装维修方便。其缺点是造价高，启辉时间长，对电压波动适应能力差。

4. 高压钠灯

高压钠灯是一种高压钠蒸气放电光源，光色呈金白色。高压钠灯的优点是光色好、功率大、透雾性强、发光效率高，多用于室外照明，如广场、路灯等；不足的是，中断电源后，即使重新接通电源，也不能立即发光，必须使管内温度下降后才能重新点亮。

5. 金属卤化物灯

金属卤化物灯，其特点是寿命长、光效高、显色性好，主要用于工业照明、城市亮化工程照明、商业照明、体育场馆照明以及道路照明等。

（三）其他电光源

其他电光源主要包括高频无极灯和 LED 灯。

1. 高频无极灯

高频无极灯，其特点是寿命超长（40 000 ~ 80 000 h）、无电极、瞬间启动和再启动、无频闪、显色性好，具有高显色性、高功率因数、电流总谐波低、安全等优点，主要用于公共建筑、商店、隧道、步行街、高杆路灯、保安和安全照明及其他室外照明。

2. LED 灯

LED 灯是电致发光的固体半导体光源，其特点是高亮度点光源、可辐射各种色光和白光、0 ~ 100%光输出（电子调光）、寿命长、耐冲击和防振动、无紫外和红外辐射、低电压下工作（安全），具有寿命长、能耗低、光效高、易控制、免维护、安全环保、可靠性高等优点，适用家庭、商场、银行、医院、宾馆、饭店及其他各种公共场所的照明。

与管形节能灯相比，LED 灯具有省电、亮度高、投光远、投光性能好、使用电压范围宽、光色柔和、艳丽、丰富多彩、低损耗、低能耗、绿色环保等优点，并且光源通过内置控制器，可实现色彩变化。

与白炽灯或低压荧光灯相比，LED 灯的稳定性和寿命长是明显优势。白炽灯的连续工作时间很少可以超过 1 000 h，采用电子驱动器的荧光灯管的连续工作时间可超过 8 000 h，而 LED 能够无故障工作 50 000 h 以上。

从节能和耐用的角度来看，推广使用高亮度 LED 灯，是电光源发展的必然趋势。

二、灯具安装

照明灯具的安装有吸顶式、壁式、嵌入式和悬吊式等几种方式，适用于不同的配线方式、房间结构、环境条件以及对照明的要求。不论采用何种方式，都必须遵守以下各项基本原则：

（1）灯具安装的高度，室外一般不低于 3 m，室内一般不低于 2.5 m。

（2）灯具安装应牢固，灯具质量超过 1 kg 时，必须固定在预埋的吊钩上。

（3）灯具固定时，不应该因灯具自重而使导线受力。

（4）灯架及管内不允许有接头。

（5）导线的分支及连接处应便于检查。

（6）导线在引入灯具处应有绝缘物保护，以免磨损导线的绝缘，也不应使其受力。

（7）必须接地或接零的灯具外壳应有专门的接地螺栓和标志，并和地线（中性线）良好连接。

三、电源开关

从电压等级来说，开关分为高压开关和低压开关两大类。本教材主要涉及普通照明及电器，因此，以下我们主要介绍低压开关和插座。低压开关主要用来接通、分断和转换电路，也可用来隔离电源，等等。常用于控制低压电源的低压开关有低压断路器；用于控制照明的开关有跷板开关、触摸感应开关、声控感应开关、光控感应开关、声光控感应开关等。

（一）胶盖瓷底闸刀开关

胶盖瓷底闸刀开关简称闸刀开关，也称为开启式负荷开关，如图☆7-1（a）所示。它主要由刀开关和熔断器组成。闸刀开关有二极和三极之分，额定电压有 220 V 和 380 V 两种，额定电流有 15 A、30 A、60 A、100 A 等，型号有 HK_1 和 HK_2 系列。

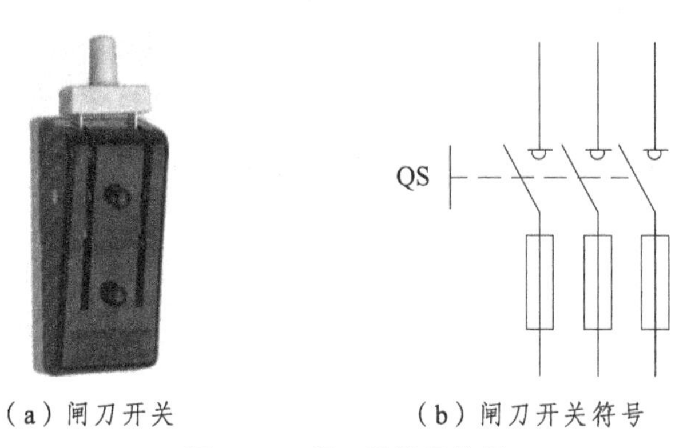

（a）闸刀开关　　（b）闸刀开关符号

图☆7-1　闸刀开关及符号

型号为“HK_1-30/3”的电器表示：设计序号为 1、额定电流是 30 A、三极的开启式负荷开关。

闸刀开关的符号表示，如图☆7-1（b）所示。

（二）低压断路器

1. 低压断路器功能

低压断路器又称自动空气开关或自动空气断路器，简称断路器，如图☆7-2、图☆7-3 所示。自动空气开关是低压配电网络和电力拖动系统中常用的一种配电电器，它集控制和多种保护功能于一体，可对电动机进行不频繁操作的启动与停止的控制。低压断路器具有过载、短路、漏电和失压保护功能。当然，并不是任何型号的低压断路器都具有以上的所有功能，因此，我们应根据需要来选择。通常低压断路器都具有过载保护和短路保护的功能。

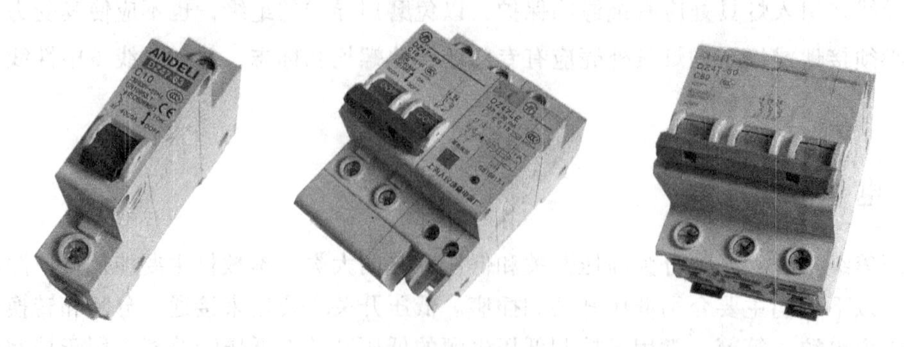

图☆7-2　低压断路器（常用于照明线路中）

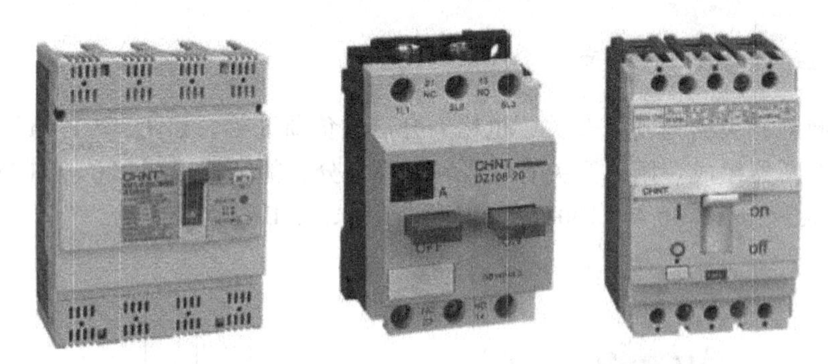

图☆7-3　低压断路器（常用于三相动力线路中）

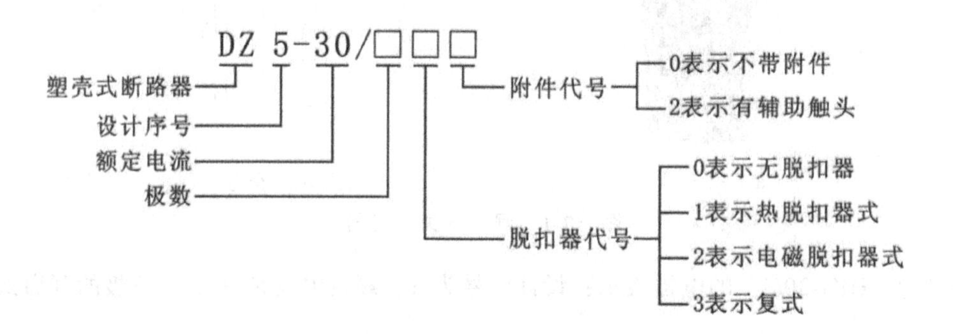

型号及含义：

型号为“DZ5-20/330”的电器表示：设计序号为 5，额定电流是 20 A，三极、复式、不带附件的塑壳式断路器。

2. 低压断路器分类

低压断路器按结构形式分为万能式（又称框架式）、塑壳式（又称装置式）、小型模数式；按主电路极数分为单极、二极、三极、四极，如图☆7-2 所示；按操作方式分为手动操作、电动操作、储能操作；按安装方式分为固定式、插入式、抽屉式；按是否有限流功能分为一般不限流型和快速限流型；按灭弧介质分为空气断路器和真空断路器；按用途分为配电用断路器、电动机保护断路器、照明用断路器和漏电保护断路器，见表☆7-1。

表☆7-1 低压断路器类型（按用途分）

<table>
<tr><th>低压断路器类型</th><th>电流类型和范围</th><th colspan="3">保护特性</th><th>主要用途</th></tr>
<tr><td rowspan="6">配电线路保护</td><td rowspan="4">交流 200～400 A</td><td rowspan="2">选择型 B 类</td><td>二段保护</td><td>瞬时短延时</td><td></td></tr>
<tr><td>三段保护</td><td>瞬时
短延时
长延时</td><td>电源总开关和支路近电源端开关</td></tr>
<tr><td rowspan="2">非选择型 A 类</td><td>限流型</td><td rowspan="2">长延时
瞬时</td><td rowspan="2">支路近端开关和支路末端开关</td></tr>
<tr><td>一般型</td></tr>
<tr><td rowspan="2">直流 600～6 000 A</td><td>快速型</td><td colspan="2">有极性、无极性</td><td>保护晶闸管变流设备</td></tr>
<tr><td>一般型</td><td colspan="2">长延时、瞬时</td><td>保护一般直流设备</td></tr>
<tr><td rowspan="3">电动机保护</td><td rowspan="3">交流 60～600 A</td><td rowspan="2">直接启动</td><td>一般型</td><td>过电流脱扣器瞬动倍数（8～15）I_N</td><td>保护笼型电动机</td></tr>
<tr><td>限流型</td><td>过电流脱扣器瞬动倍数 $12I_N$</td><td>保护笼型电动机，还可装于靠近变压器端</td></tr>
<tr><td>间接启动</td><td colspan="2">过电流脱扣器瞬动倍数（3～8）I_N</td><td></td></tr>
<tr><td>照明用及导线保护</td><td>交流 5～50 A</td><td colspan="3">过载长延时，短路瞬时</td><td>单极，除用于照明外，还可用于生活建筑内电气设备和信号二次回路</td></tr>
<tr><td>漏电保护</td><td>交流 20～200 A</td><td colspan="3">15 mA、30 mA、50 mA、75 mA、100 mA，0.1 s 内分断</td><td>确保人身安全，防止漏电引起火灾</td></tr>
<tr><td>特殊用途</td><td>交流或直流</td><td colspan="3">一般只需瞬时动作</td><td>如灭磁开关等</td></tr>
</table>

四、灯具开关

（一）跷板开关

照明开关是人们经常使用的电气器具，是可以接通、分断以及转接电路的电器元件，根据其结构的不同，可分为有触点开关和无触点开关。跷板开关属于有触点开关。开关闭合表示导通电路；开关断开表示截止电路。其实跷板开关的发展也经历多个阶段，拉线开关→拇指开关→中跷板开关→大跷板，如图☆7-4 所示。跷板开关分为单开、双开、三开等，如图☆7-5 所示。

   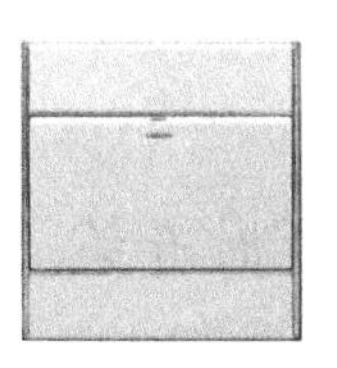

图☆7-4 从拉线开关到跷板开关

（a）单开单控开关

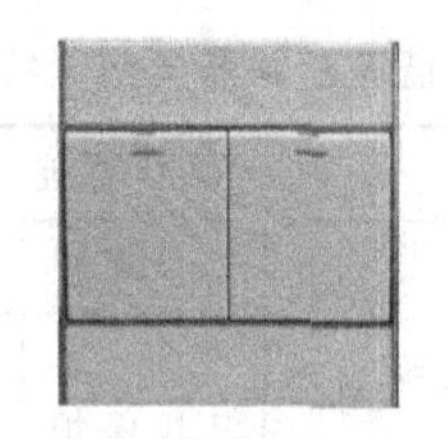

（b）双开单控开关

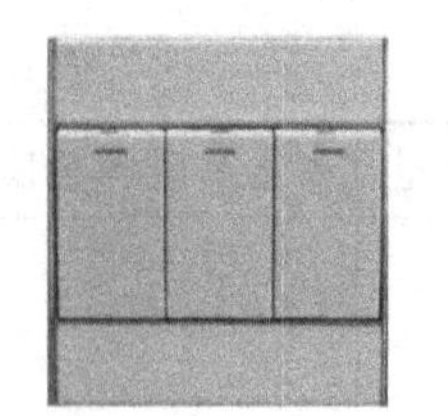

（c）三开单控开关

图☆7-5　跷板开关

目前，普遍使用的跷板开关分为单控和双控。单开双控开关的外形如图☆7-6 所示。

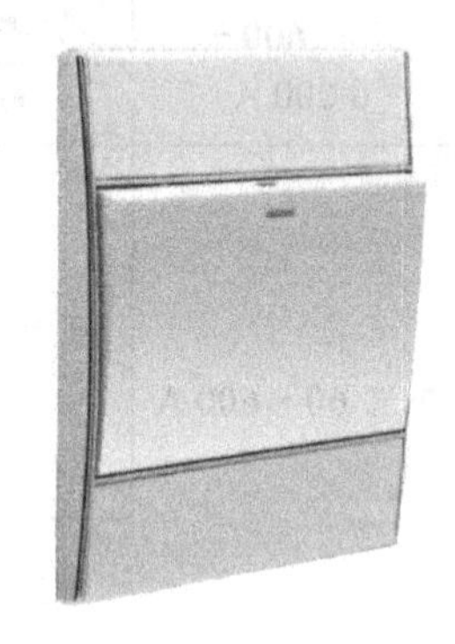

图☆7-6　单开双控开关

室内照明开关一般安装在门边便于操作的位置上，一般离地 1.3 m，与门框距离一般为 150 ~ 200 mm，如图☆7-7 所示。

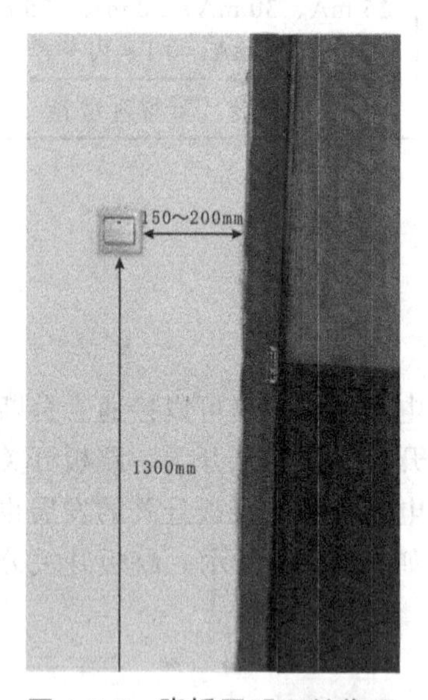

图☆7-7　跷板照明开关位置

（二）声光控延时开关

声光控开关，全称为声光控延时开关，是一种无触点开关，是用声音和光照度控制的开关，当环境的亮度达到某个设定值以下，且环境声音超过某个值时，这种开关就会开启，如图☆7-8、图☆7-9所示。

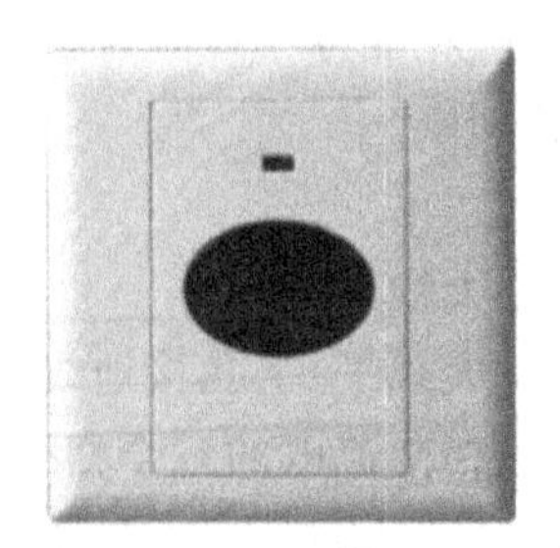
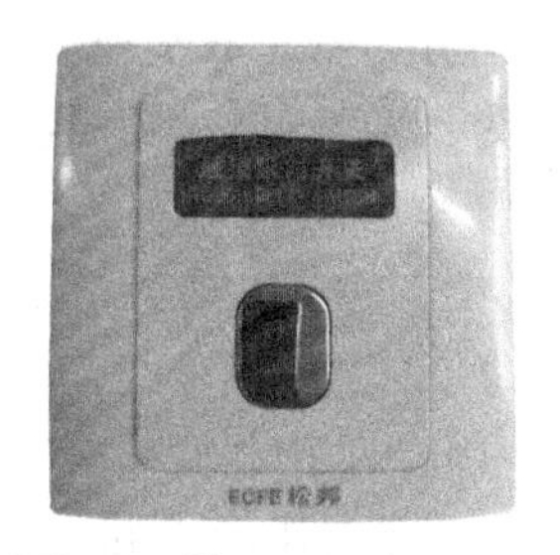

图☆7-8　声光控延时照明开关

（a）开关正面　　（b）开关背面

图☆7-9　声光控延时照明开关

声光控开关是集声学、光学和延时技术为一体的自动照明开关，采用光电控制和声音控制，白天或光线较强时，开关电路为自锁状态，不会因声音而开启用电器，即灯保持熄灭状态。当光线黑暗或晚上来临时，开关进入预备工作状态，当有脚步声、说话声、拍手声等声源时，开关自动打开，灯点亮，延时一段时间后自动熄灭，从而实现了“人来灯亮、人去灯灭”，杜绝了长明灯现象。这不仅能够延长灯泡或用电器的使用寿命，还能节约用电，也免去了在黑暗中寻找开关的麻烦，尤其是上下楼时，方便实用，广泛用于楼道、走廊、洗手间、地下室、地下车库、厂房等场所，是理想的新颖绿色照明开关。

五、插　座

电源插座（简称插座）是一种为用电器具提供电源的电器元件。插座是照明线路的基本配置，比如电风扇、电冰箱、电视机、空调、洗衣机、电脑、电饭煲等等都离不开插座为其引入电能，如图☆7-10所示。

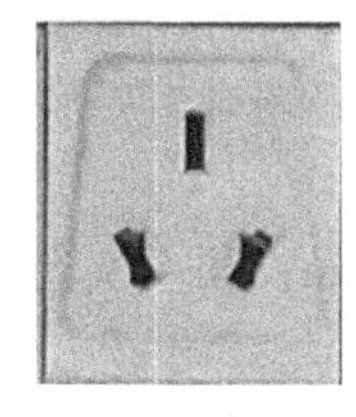

（a）三孔插座　（b）四孔插座　（c）五孔插座面板　（d）五孔插座内部

图☆7-10　暗装电源插座

根据插座的类型不同分为：普通插座、带开关的插座、地面插座。

根据取电源相数不同分为：二极插座、三极插座、四极插座。

根据插座孔形不同分为：扁孔插座、方孔插座、圆孔插座。

根据孔数不同分为：两孔插座、三孔插座、四孔插座。

一般规定：

（1）“两孔插座”中，左孔接零线，右孔接相线（火线）。

（2）“三孔插座”中，左孔接零线，右孔接相线（火线），上孔接地线。

（3）“四孔插座”中，左孔、右孔、下孔分别接三相交流电的三个相线，上孔接地线。

（4）“五孔插座”是由两孔插座和三孔插座所组成。不同孔数的插座需配合相适应的插头。

虽然不同区域国家的插座孔形有所不同，但所具有的功能是相同的。

中国（不含香港）、美国、加拿大、日本等亚洲、北美洲国家使用的插头是扁形的，如图☆7-11（a）所示，所对应的插座是扁形插座。

中国香港、英国、新加坡、澳大利亚、印度等国家和地区使用的插头是方形的，如图☆7-11（b）所示，所对应的插座是方形插座。

欧洲一些国家使用的插头是圆形的，如图☆7-11（c）所示，所对应的插座是圆形插座。

（a）扁插头

（b）方插头

（c）圆插头

图☆7-11　插头

六、插座与开关的安装

（一）电源插座与开关的安装

1. 照明开关的安装要求

（1）安装在同一建筑物、构筑物内的开关，宜采用同一系列的产品，开关的通断位置应一致，且操作灵活、接触可靠。

（2）开关安装的位置应便于操作，开关边缘距门框宜为 150 ~ 200 mm，如图☆7-7 所示；跷板式开关距地面宜为 1 200 ~ 1 400 mm，如图☆7-7 所示。

（3）相同型号并列安装的开关距地面高度应一致，高度差不应大于 1 mm；同一室内安装的高度差不应大于 5 mm。

（4）单极开关应串在相线回路中，而不应串在零线回路中，这主要是考虑检修或清洁灯具时的安全。

（5）开关安装要牢固，不允许只用一只螺钉固定。

（6）厨房、浴室等潮湿的房间尽量不要安装开关，必须要安装时，应采用防潮防水型开关。室外场所应安装防水开关。

（7）明装开关应安装在厚度不小于 15 mm 的木台上；暗装开关须与面板、接线盒、调整板（若有的话）组合安装，面板安装应端正、严密，并与墙齐平。

（8）开关进线和出线应采用同一种颜色的导线。

（9）导线端头应紧压在接线端子内，外部应无裸露的导线。

（10）开关盒内导线应留有一定余量。

（11）室内照明开关一般安装在门边便于操作的位置，拉线开关一般离地 2 000 ~ 3 000 mm，暗装跷板开关一般离地 1 300 mm。

2. 插座的安装

（1）插座的安装要求。

① 普通插座应安装在干燥、无尘的地方。

② 插座应安装牢固，明线插座安装在木台上要用两只木螺钉固定。木台厚度不小于 15 mm。

③ 明装或暗装插座的安装高度应不低于 1 300 mm，一般为 1 500 ~ 1 800 mm，空调插座为 1 800 ~ 2 300 mm。

④ 近地安装的暗插座一般采用带安全门的，其距地面高度不应低于 2 000 mm，一般为 3 000 mm。这是为了方便插座的安装及方便插接插头操作。

⑤ 暗装插座应装在专用的接线盒上，盖板应安装端正、严密，并与墙平行。

⑥ 同一场所的明装插座（或暗装插座），安装高度应相同。

⑦ 空调器、电炉、电热水器等大功率负荷的插座电源线，应单独从配电箱敷设。导线最小截面积：铜导线不小于 1.5 mm^2，铝导线不小于 2.5 mm^2；一般铜导线应为 2.5 mm^2，空调器为 4 mm^2。

⑧ 使用煤气或液化石油气的厨房，插座不允许近地面安装，安装高度应距地面不小于 1 300 mm。

⑨ 交直流或不同电压的插座安装在同一场所时，应有明显区别，且不同电流、不同电压的插头与插座均不能互相插入。

⑩ 明装插座的高度一般应离地 1 400 mm。暗装插座的高度一般应离地 300 mm，同一场所暗装的插座高度应一致，其高度相差一般应不大于 5 mm；多个插座成排安装时，其高度差应不大于 2 mm。

（2）安装方法。明装插座的安装方法类似明装开关的安装；暗装插座的安装方法类似暗装开关的安装。

（3）接线方法。

① 二极插座的正确接线是：面对插座的右孔（上孔）接相线，左孔（下孔）接零线。

② 单相三极插座的正确接线是：插座上孔接地线，下面两孔左孔接零线，右孔接相线。

③ 三相四极插座的正确接线是：插座上孔接地（零）线，两侧孔和下孔分别接不同的三根相线。

④ 导线颜色应符合规定要求。

（二）有线电视、电话线、计算机网络室内配线的安装

1. 有线电视系统常用部件的安装

（1）分配器。分配器是将一路电视信号分成几路信号输出的无源器件。它的安装方式有明装和暗装两种。明装时安装位置应选择在遮雨处，暗装一般装在墙壁内的接线箱内。无论是明装还是暗装，输入输出电缆应留有 150 ~ 250 mm 的余量，以便于维修。

（2）分支器。分支器是将干线中传输的信号取出一部分送给电视机的器件。分支器的安装方式同分配器。

（3）用户盒。终端电视信号和调频广播的输出插座称为用户盒。用户盒的安装也有明装和暗装两种。明装以方便、实用为原则。暗装一般在建筑施工中按图样要求的位置预埋。用户盒的安装高度应与室内电源插座齐平并且靠近插座。宾馆等场所的安装高度一般距地面 200 ~ 300 mm，住宅一般距地面 1 200 ~ 1 500 mm，靠近电源插座。电视机和用户盒的连接采用特性阻抗 75 Ω的同轴电缆，长度一般不宜超过 3 000 mm。

2. 电话线的安装

用户线进入室内通过用户出线盒与电话机连接。出线盒的位置应选在节省管线，并尽量与电话机接近的地方。出线盒的接线方法有接线板终接式、插口式、瓷头终接式等，安装位置有墙壁式和地面式两种。墙壁式出线盒均为暗装，底边距离地面 300 mm。地面式出线盒适于较大面积的办公室，与地面齐平。

3. 网络室内配线的安装

在原建筑中增设计算机网络时，要使用塑料线槽明敷设，楼道内干线使用 50 mm × 20 mm 以上的大尺寸塑料线槽，房间内可以使用普通照明线路用小线槽。

使用双绞线电缆组网，从集线器到每台计算机的距离不能超过 100 m，否则信号衰减过大。当距离超过 100 m 时，可以通过集线器连接增大传输距离。具体做法是在计算相比较集中的位置装一台集线器，使用连接导线在较远处再设一台集线器。如果线路再长，则需在线路中增加放大器。集线器可以放在配电箱内。

☆模块八　熔断器

熔断器是在电力拖动系统中主要用于短路保护的电器，如图☆8-1 所示。熔断器安装串联在被保护的电路中，当电路发生短路故障时，通过熔断器的电流超过熔体的熔点而使其熔断从而切断电路保护电器。

图☆8-1　熔断器

一、熔断器的结构

熔断器主要由熔体、熔管（或瓷盖）和熔座三部分组成。常用的低压熔断器有 RC1A 系列插入式熔断器、RL1 系列螺旋式熔断器、RM10 系列无填料封闭管式熔断器、RT0 系列有填料封闭管式熔断器。

（一）RC1A 系列插入式熔断器

RC1A 系列插入式熔断器也称为瓷插式熔断器，如图☆8-2 所示。这种熔断器具有结构简单、使用方便、成本低等优点；它的主要缺点是体积较大。因此，瓷插式熔断器主要安装于外部电源中作为短路保护作用。

图☆8-2　瓷插式熔断器

（二）RL1 系列螺旋式熔断器

RL1 系列螺旋式熔断器，如图☆8-3 所示。此类熔断器具有体积小、使用方便等优点；它的主要缺点是熔体成本较高。因此，RL1 系列螺旋式熔断器主要安装于控制柜及机床电气控制箱内。为了用电安全，规范规定螺旋式熔断器的下接线柱接电源进线端，上接线柱接负载。

图☆8-3　螺旋式熔断器

（三）RM10 系列无填料封闭管式熔断器

RM10 系列无填料封闭管式熔断器常用于交流 50 Hz、额定电压 380 V 或直流额定电压 440 V 及以下电压等级的动力网络和成套配电设备中，作为导线、电缆及较大容量电气设备的短路和连续过载保护。

（四）RT0 系列有填料封闭管式熔断器

RT0 系列有填料封闭管式熔断器是具有大分断能力的熔断器，广泛用于短路电流较大的电力输配电系统中，起电缆、导线和电气设备的短路保护及导线、电缆的过载保护作用。

二、安装使用注意事项

（1）电源进线端在瓷插式熔断器的上方；熔体的额定电流必须等于或小于熔断器的额定电流。

（2）电源进线端应接在螺旋式熔断器的下接线座上；熔断管上有颜色标记的一端放在上方以便于观察。

（3）用于不频繁启动的电动机时，熔体额定电流≥（1.5～2.5）倍电动机额定电流；用于频繁启动的电动机时，熔体额定电流≥（3～3.5）倍电动机额定电流。

常见熔断器的主要技术参数如表☆8-1 所示。

表☆8-1　常见熔断器的主要技术参数

类别	型号	额定电压/V	额定电流/A	熔体额定电流等级/A	极限分断能力/kA	功率因数
插入式熔断器	RC1A	380	5	2、5	0.25	0.8
			10 15	2、4、6、10 6、10、15	0.5	
			30	20、25、30	1.5	0.7
			60 100 200	40、50、60 80、100 120、150、200	3	0.6
螺旋式熔断器	RL1	500	15 60	2、4、6、10、15 20、25、30、35、40、50、60	2 3.5	≥0.3
			100 200	60、80、100 100、125、150、200	20 50	
	RL2	500	25 60 100	2、4、6、10、15、20、25 25、35、50、60 80、100	1 2 3.5	
无填料封闭管式熔断器	RM10	380	15	6、10、15	1.2	0.8
			60	15、20、25、35、45、60	3.5	0.7
			100 200 350	60、80、100 100、125、160、200 200、225、260、300、350	10	0.35
			600	350、430、500、600	12	0.35
有填料封闭管式熔断器	RT0	交流 380 直流 440	100 200 400 600	30、40、50、60、100 120、150、200、250 300、350、400、450 500、550、600	交流 50 直流 25	＞0.3
快速熔断器	RLS2	500	30	16、20、25、30	50	0.1～0.2
			63	35、（45）、50、63		
			100	（75）、80、（90）、100		

注：括号中数字表示不常用的电流等级。

三、熔断器的符号表示

熔断器的符号表示方法如图☆8-4 所示。

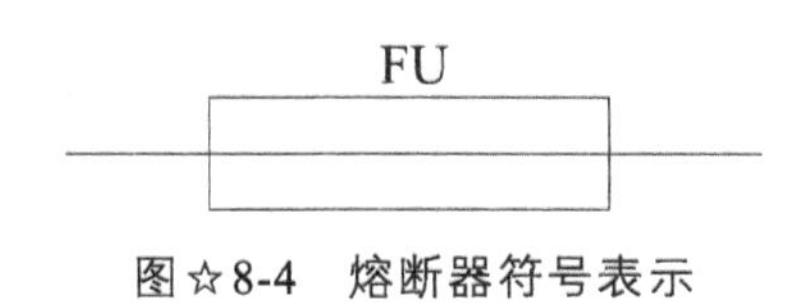

图☆8-4 熔断器符号表示

【例题】 某机床电动机的型号为 Y112M4 型，额定功率为 4 kW，额定电压为 380 V，额定电流为 8.8 A;该电动机正常工作时不需频繁启动。若用熔断器为该电动机提供短路保护，试确定熔断器的型号规格。

解:（1）选择熔断器的类型。该电动机是在机床中使用，所以熔断器可选用 RL1 系列螺旋式熔断器。

（2）选择熔体额定电流。由于所保护的电动机不需经常启动，则熔体额定电流为

$$I_{RN} = (1.5 \sim 2.5) \times 8.8 = (13.2 \sim 22)\ \text{A}$$

查表☆8-1 得熔体额定电流为：$I_{RN} = 20\ \text{A}$。

（3）选择熔断器的额定电流和电压。查表☆8-1，可选取 RL1-60/20 型熔断器，其额定电流为 60 A，额定电压为 500 V。

☆模块九 照明电气线路图及常用符号

电气线路图是用规定的电气符号绘制的一种表示电路结构的图形，是电气设计人员、技术安装人员和操作使用人员进行沟通的工程语言。电气线路图的种类很多，可根据对象的类别、规模、使用场合及表达方式不同进行分类。照明电气线路图属于按负荷分类的一种电气线路图，常用的有照明电气原理图、安装接线图、元件分布平面图、平面施工图。

一、照明电气原理图

照明电气原理图是按照工作顺序排列，详细表示电路的全部基本组成部分及其连接关系，而不考虑其实际位置的一种简图。我们可以通过照明电气原理图详细了解电路的组成部分与工作原理，作为接线的依据，为测试和寻找故障提供依据信息。

1. 照明电气原理图常用的电气符号

照明电气原理图运用各种电气符号、图线来表示电气系统中的各组成部分之间的相互关系或连接关系。电气符号包括文字和图形符号等，用来提供各种信息。现行国家系列标准《电气简图用图形符号》（GB/T 4728）规定了各种电气符号。照明电气原理图常用的电气符号见表☆9-1。

表☆9-1　照明电气原理图常用的电气符号

名称	图形符号	文字符号	名称	图形符号	文字符号
电流表	A	PA	照明灯		EL
电压表	V	PV	熔断器		FU
断路器		QF	铁心线圈		L
电阻		R	接机壳、接地		GND
开关		SA	连接 导线 不连接		

2. 照明电气原理图中的连接线

连接线是指电气线路图上各种图形符号之间的连线，用来表示能量的传输和信息的传递，也可以用来表示逻辑、功能的连接。连接线通常用粗细不同的图线以及虚线、点画线等表示。

3. 照明电气原理图的结构

照明电路是供配电系统的一部分，供配电系统图通常由电气图表、技术说明、主要元件明细表和标题栏四部分组成。照明电气原理图是供配电系统项目图的一个部分，比较简单，通常只用电气图表表示，不加技术说明和元器件明细表与标题栏。

4. 识读照明电气原理图的方法

识读照明电气原理图的顺序，通常是从左到右、自上而下进行的。如果是完整的照明电气线路图，应先看标题栏，了解电气线路的名称，对该图的类型、作用和表达的主要内容有比较明确的认识和印象；然后看技术说明，深入理解该图的设计意图和安装要求等图中没有表达的电路功能和原理。

二、照明电气接线图

照明电气接线图是示意性地把整个工程的供电线路用单线连接形式表示为准确、概括的电路图，它不表示相互的空间位置关系，仅表示各个回路的名称、用途、容量以及主要电气设备、开关元件及导线规格、型号等参数。

三、照明电气平面图常用符号

电气平面图是将同一层内不同安装高度的电气设备及线路都放在同一平面上来表示，在建筑平面图上标出电气设备、元器件、管线、防雷接地等的规格型号、实际布置，即用正投影法按一定的比例画出来的图形，并且不考虑实物的形状与大小，只考虑其位置，用规定的图形符号或轮廓表示和绘制。一般大型工程都有电气总平面图，中小型工程则由动力平面图或照明电气平面图代替。

照明电气平面图是表示照明电路在建筑中的安装位置、连接关系及其安装方法的平面图。照明电气平面图包括照明干线、配电箱、灯具和开关的平面布置，是建筑照明系统安装的依据，是安装、调试、维修及管理的重要技术文件。

电气平面图的图形符号与电气原理图的图形符号有所示不同。照明电气平面图常用的图形符号见表☆9-2。

表☆9-2 照明电气平面图常用的图形符号

名称	图形符号	说明	名称	图形符号	名称
断路器			开关		开关一般符号
照明配电箱					
单相插座		依次表示明装、暗装、密闭、防爆	单相三孔插座		依次表示明装、暗装、密闭、防爆
单极开关		依次表示明装、暗装、密闭、防爆	三相四孔插座		依次表示明装、暗装、密闭、防爆
双极开关		依次表示明装、暗装、密闭、防爆	三极开关		依次表示明装、暗装、密闭、防爆

续表

名称	图形符号	说明	名称	图形符号	名称
多个插座		3个	荧光灯		单管或三管灯
单极接线开关			灯		
单极双控拉线开关			带开关插座		装有一个单极开关
双控开关		单相三线	吸顶灯		
带指示灯开关			壁灯		
多拉开关		如用于不同照度	花灯		

四、电气施工平面图特点及组成

照明电气施工平面图所涉及的内容往往根据建筑物不同的功能而有所不同，主要有建筑供配电、动力与照明、防雷与接地、建筑弱电等方面，用以表达不同的电气设计内容。

1. 图纸目录与设计说明

图纸目录与设计说明包括图样内容、数量、工程概况、设计依据以及图中未能表达清楚的各有关事项，如供电电源的来源、供电方式、电压等级、线路敷设方式、防雷接地、设备安装高度及安装方式、工程主要技术数据、施工注意事项等。

2. 主要材料设备表

主要材料设备表包括工程中所使用的各种设备和材料的名称、型号、规格、数量等，它是编制购置设备、材料计划的重要依据之一。

3. 系统图

系统图反映了系统的基本组成、主要电气设备、元器件之间的连接情况以及它们的规格、型号、参数等，如变配电工程的供配电系统图、照明工程的照明系统图、电缆电视系统图等。

4. 平面布置图

平面布置图是电气施工平面图中的重要图样之一，如变、配电所电气设备安装平面图、照明平面图、防雷接地平面图等，用来表示电气设备的编号、名称、型号及安装位置，线路的起始点、敷设点、敷设方式及所用导线型号、规格、根数、管径大小等。相关人员通过阅读系统图，了解系统基本组成之后，就可以依据平面布置图编制工程预算和施工方案，然后组织施工。

5. 控制原理图

控制原理图包括系统中各所用电气设备的电气控制原理，用以指导电气设备的安装和控制系统的调试运行工作。

6. 平面施工接线图

安装接线图包括电气设备的布置与接线，应与控制原理图对照阅读，进行系统的配线和调校。施工图如图☆9-1 所示。

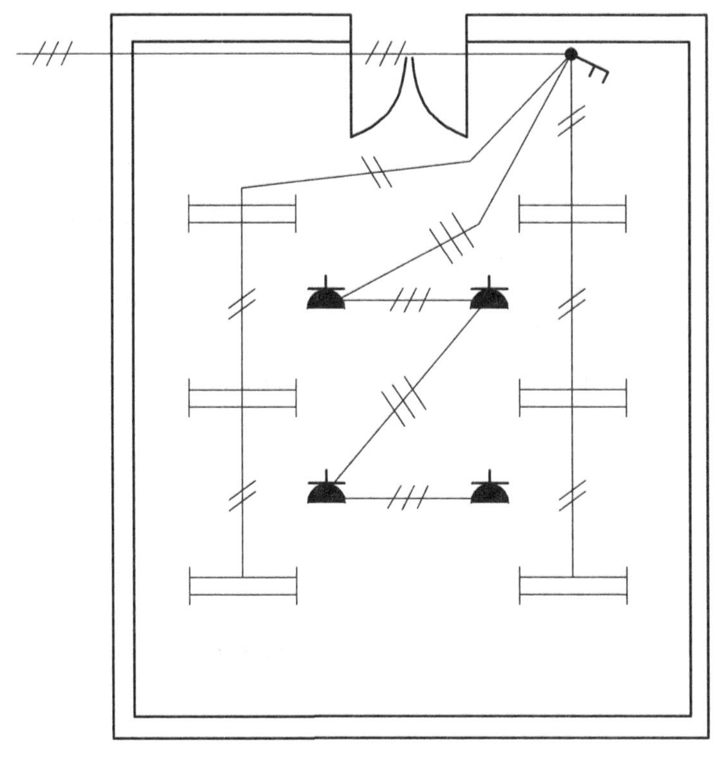

图☆9-1　照明平面施工图

7. 安装大样图

安装大样图是详细表示电气设备安装方法的图样，对安装部件的各部位注有具体图形和详细尺寸，是进行安装施工和编制工程材料计划的重要参考。

五、照明电气平面图的识读

根据如图☆9-2 所示的某楼层局部照明电气平面图，理解电气平面图的识读。

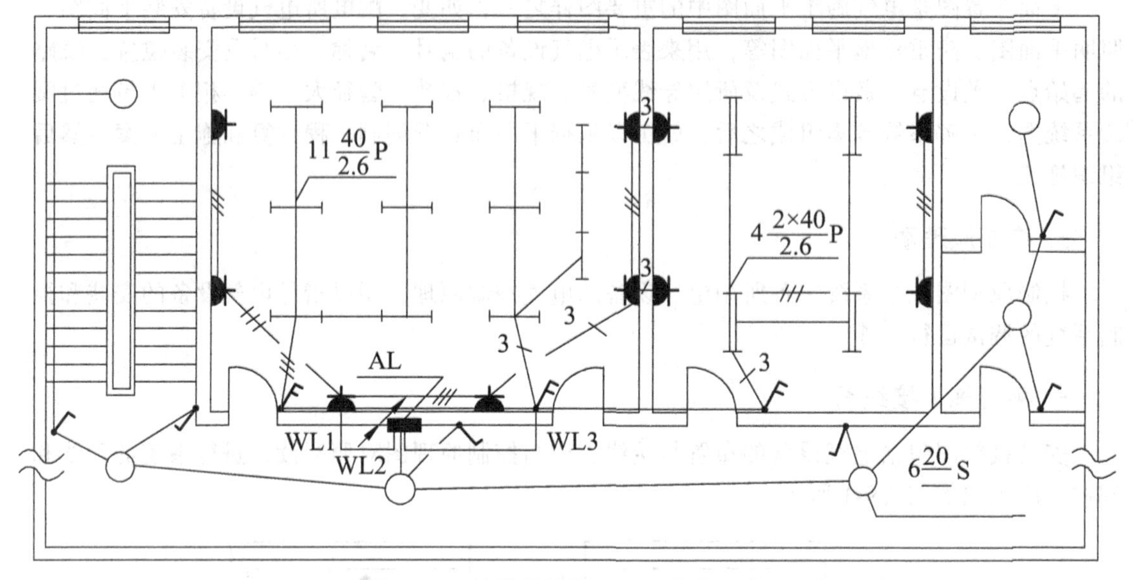

图☆9-2 某楼层局部照明电气平面图

（1）电源进入照明配电箱 AL 并引出（图中箭头进、出表示电源引进与引出）。

（2）AL 是照明配电箱，暗敷设在墙壁上。照明系统有 3 路出线：WL1 是左面房间部分照明和 2 个房间的插座，WL2 是右面 2 个房间、走廊和楼梯的照明，WL3 是左面房间部分照明中间房间的照明。

（3）左面房间装有：11 盏荧光灯，每只灯管 40 W，管吊式，吊高 2.6 m；荧光灯由 2 组双极（双联）暗装开关控制；6 只三孔插座。

（4）中间房间装有：4 盏双管荧光灯，每只灯装 2 根 40 W 灯管，管吊式，吊高 2.6 m；荧光灯由 1 组双极（双联）暗装开关控制；4 只三孔插座。

（5）右面 2 个房间的白炽灯分别由单极暗开关控制。2 个房间边同楼梯、走廊共 6 盏白炽灯，每盏 20 W，吸顶安装。

☆模块十 配电箱

一、配电箱结构与功能

低压配电箱简称配电箱，是用来配电和控制、监视动力、照明电路及设备的装置，是配电系统中最末一级的电器控制设备，分布在各种用电场所，是保障电力系统安全正常运行的最基础环节。

低压配电箱有标准配电箱和非标准配电箱两类。按配电用途的不同，配电箱又分为照明配电箱和动力配电箱两类；按配电箱的安装方式不同，配电箱又分为嵌入式配电箱和悬挂式配电箱两种。

照明配电箱又称分路箱，家居照明普通使用的小型照明配电箱，外形如图☆10-1所示。终端组合式配电箱（简称配电箱）采用钢塑结构的形式，箱体基座采用钢结构并镀覆，端盖采用阻燃工程塑料注塑制成且配有透明聚碳酸酯防护罩。配电箱既有塑料艺术的美感，又有钢结构的坚固，透明罩使开关电器的工作状态一目了然。配电箱内的电器元件采用导轨安装，布置紧凑合理，安装、拆卸、维修均很方便，可根据用户需要配制小型断路器。

图☆10-1　照明进户配电箱

照明配电箱是终端配电设备，主要由断路器和漏电保护器组成，其主要负荷是照明器具、普通插座、小型电动机负荷等，负荷较小，多为单相供电，极少为三相供电，总电流一般小于 63 A，单出线回路小于 15 A，一般不需要专业人员操作。终端组合配电箱适用于额定电压为 220 V 或 380 V、负载总电流不大于 100 A 的单相三线或三相五线制的末端电路，作为对用电设备进行控制，对过载、短路、过电压和漏电起保护作用的一种成套装置。照明配电箱可以广泛应用于高层建筑、宾馆、住宅、车站、港口、机场、医院、影剧院和大型商业网点等。

工作中根据需要在工作现场制作的配电箱，称为现制配电箱（在施工图中一般称为非标准配电箱）。现制配电箱包括盘面板和箱体两部分（有时还包括控制面板）。其材料有木质、铁质和塑料等。为节约材料，不要箱体只要盘面板（盘面板留有一定的空间）的配电装置，称为配电板或配电盘，如图☆10-2所示。在制作配电箱之前，应根据实际需要设计配电箱电路图。比较简单的配电盘画出电气系统图即可，比较复杂的配电箱应画出电气安装图，标注所用电器元件及导线的规格型号。电路图是制作配电箱的依据。

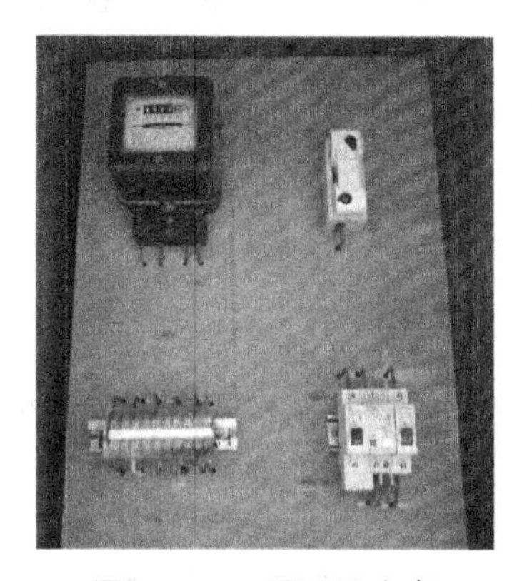

图☆10-2　照明配电盘

二、用电量计算方法举例

某单元房用电设备情况见表☆10-1。

表☆10-1　某单元房用电设备情况

用电器		功率/W
客　厅	照　明	80
	电　视	150
	音　响	300
	柜式空调	3.0×0.736
厨　房	照　明	40
	电饭煲	1 000
	抽油烟机	800
	微波炉	1 100
餐　厅	照　明	30
卧　室	照　明	90
	电　视	130
	空调挂机 2 台	1.0×0.736×2
书　房	照　明	30
	台式计算机	230
门　厅	照　明	15
卫生间	热水器	1 500
	洗衣机	700

根据表☆10-1 计算用电量的方法如下：

（1）电热与照明设备用电量。

客厅 + 门厅 + 餐厅 + 卧室 + 书房 + 厨房 + 卫生间 =（80 W + 150 W + 300 W）+ 15 W + 30 W +（90 W + 130 W）+（30 W + 230 W）+（40 W + 1 000 W + 1 100 W）+ 1 500 W = 530 W + 15 W + 30 W + 220 W + 260 W + 2 140 W + 1 500 W ≈ 4.69 kW

用电电流：$I_{总1} = 4.69 \times 4.5 \approx 21\text{A}$

（2）电感类设备用电电量。

客厅 + 卧室 + 卫生间 + 厨房 = 3.0 × 0.736 kW + 2 × 0.736 kW + 0.7 kW + 0.7 kW ≈ 5.2 kW

用电电流：$I_{总2} = \dfrac{5.2 \times 4.5}{0.8} \approx 29\text{A}$

整个单元房的总用电电流：$I_{总} = I_{总1} + I_{总2} = 21\text{A} + 29\text{A} = 50\text{A}$

考虑到用电设备一起使用的情况，以及留有余量，因此电能表可选择容量为 60 A 级别，低压断路器也选择同等级别，导线按照塑料绝缘明敷设，截面积可选择 6 mm^2；作为总开关的低压断路器可选择容量为 60 A 级别。分支电路用同样的方法计算，但是要留有余量。

三、量配电箱和照明线路系统

量配电箱如图☆10-3 所示，照明线路系统如图☆10-4 所示。

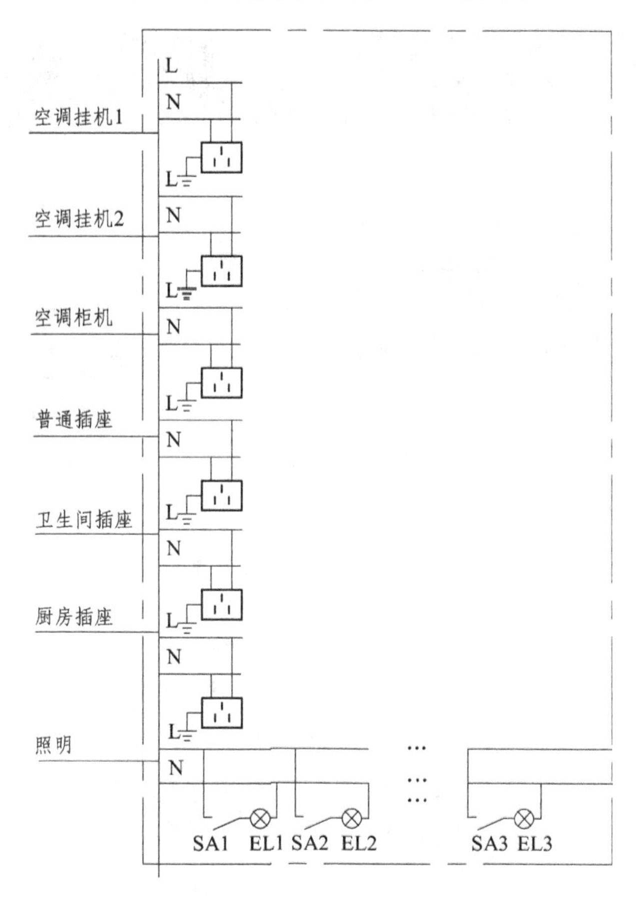

图☆10-3　量配电箱

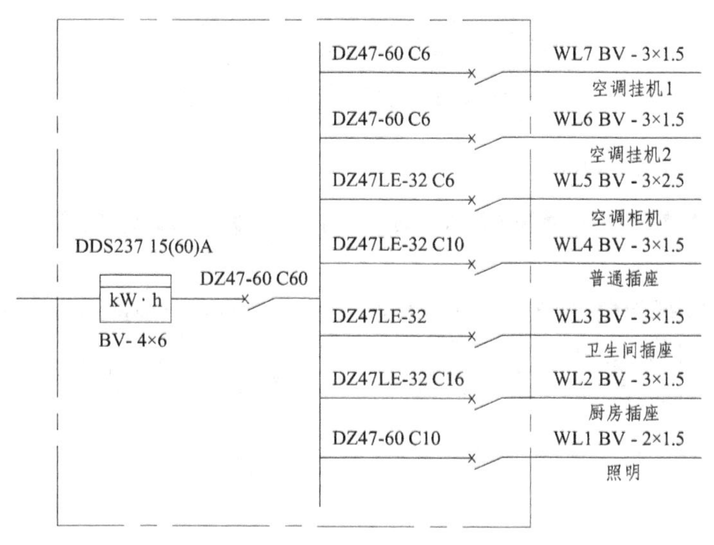

图☆10-4　照明线路系统

四、照明线路进户配电箱实物图

图☆10-5 ~ 图☆10-10 是“进户配电箱”的实物照片。

图☆10-5　A 小区某住户进户配电箱

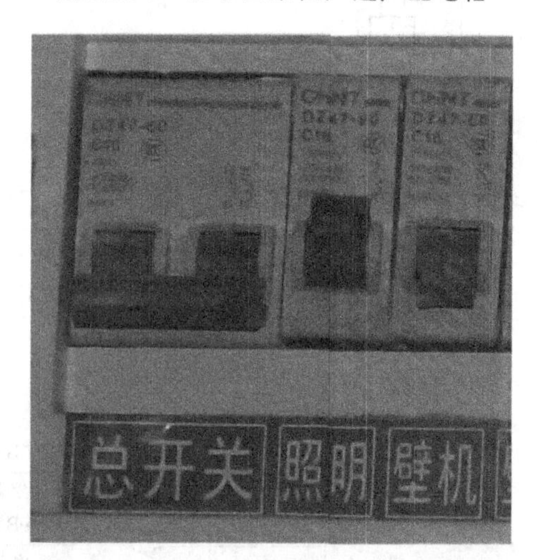

图☆10-6　A 小区住户进户配电箱（局部放大图）

图☆10-7　B 小区某住户进户配电箱

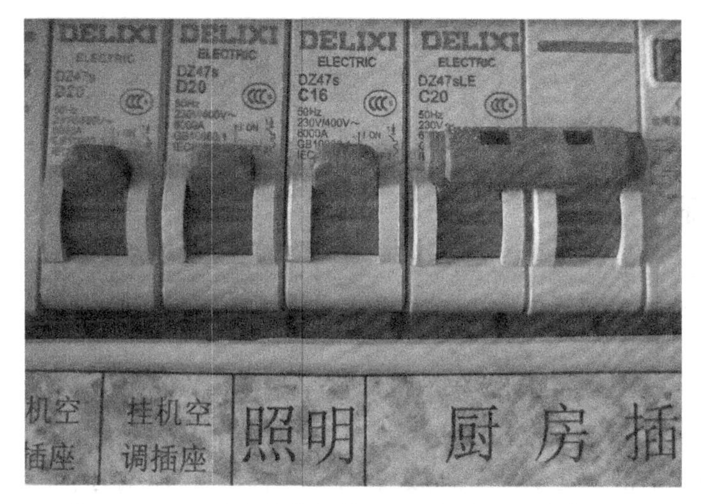

图☆10-8　B 小区某住户进户配电箱（局部放大图）

图☆10-9　学生宿舍进户配电箱

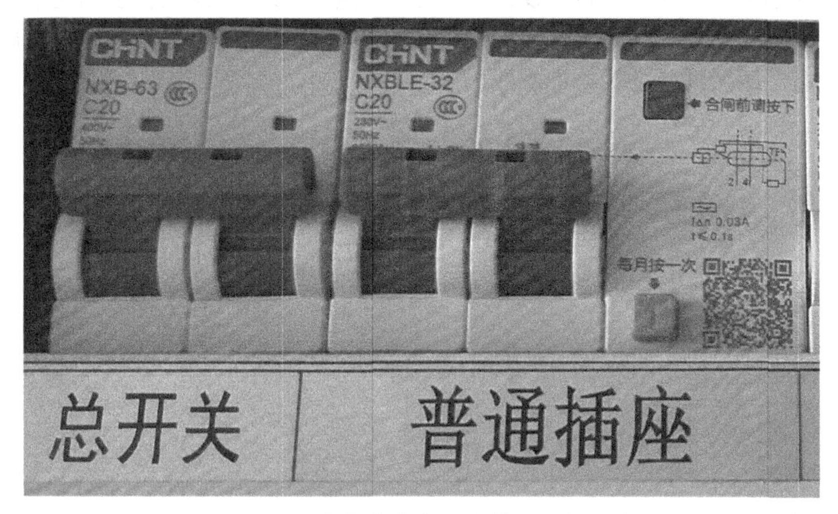

图☆10-10　学生宿舍进户配电箱（局部放大图）

☆模块十一　照明线路简介

一、电　源

（1）照明线路的供电应采用 380/220 V 三相四线制中性点直接接地的交流电源，如负载电流为 15～30 A 时，一般可采用 220 V 单相二线制，380 V 两相二线制或两相三线制的交流电源。

（2）易触电、工作面较窄、特别潮湿的场所（如地下建筑）和局部移动式的照明，应采用 36 V、24 V、12 V 的安全电压。一般情况下，可用 380（220）/12～36 V 的干式变压器供电（不允许采用自耦变压器供电）。

（3）照明配电箱的设置位置应尽量靠近供电负荷中心，并略偏向于电源侧，同时应便于通风散热和维护。

二、电压偏移

照明灯具的电压偏移，一般不应高于其额定电压的 5%，照明线路的电压损失应符合下列要求：

（1）视觉较高的场所为 2.5%。

（2）一般工作场所为 5%。

（3）远离电源的场所，当电压损失难以满足 5%的要求时，允许降低到 10%。

三、照明供电线路

（一）照明线路的基本形式

照明线路的基本形式如图☆11-1 所示。图中：由室外架空线路电杆上到建筑物外墙支架上的线路称引下线；从外墙到总配电箱的线路称进户线；由总配电盘至分配电盘的线路称干线；由分配电箱至照明灯具的线路称支线。

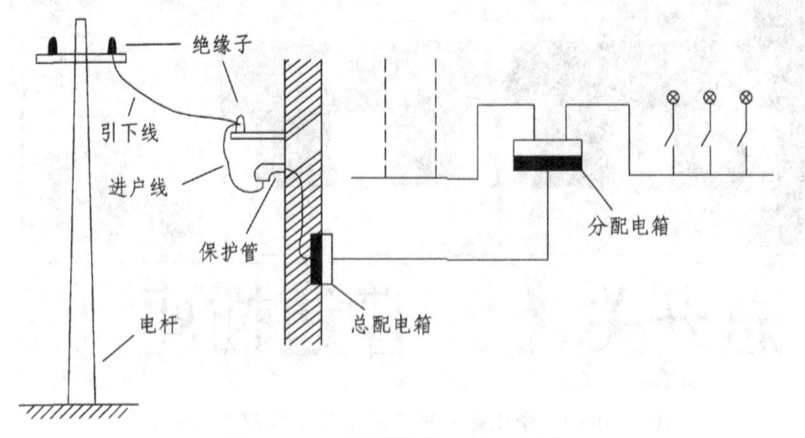

图☆11-1　照明线路的基本形式

（二）照明线路的供电方式

总配电箱到分配电箱的干线有发射式、树干式和混合式三种供电方式。

1. 放射式

放射式供电是指各分配电箱分别由各干线供电，如图☆11-2 所示。当某分配电箱发生故障时，保护开关将其电源切断，不影响其他分配电箱的工作。所以放射式供电方式的电源较为可靠，但材料消耗较大。

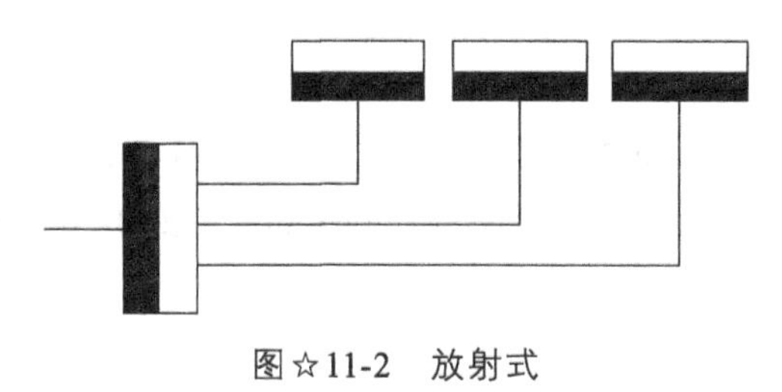

图☆11-2　放射式

2. 树干式

树干式供电是指各分配电箱的电源由一条共用干线供电，如图☆11-3 所示。这种供电方式当某配电箱发生故障时，影响到其他分配电箱的工作，所以电源的可靠性差。但这种供电方式节省材料，较经济。

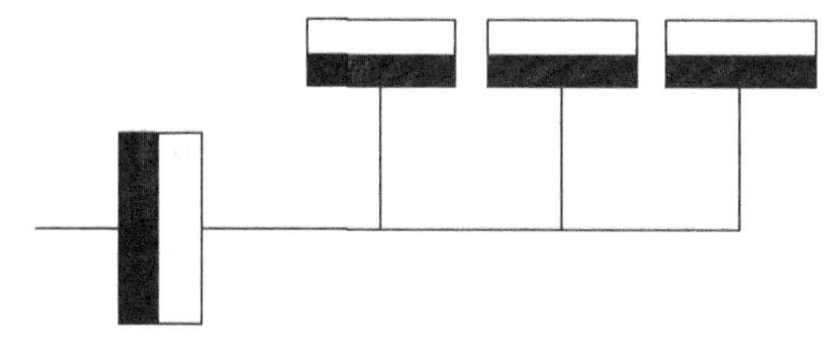

图☆11-3　树干式

3. 混合式

混合式供电是指放射式和树干式混合使用，如图☆11-4 所示，吸取两种供电方式的优点，既兼顾材料消耗的经济性又保证电源具有一定的可靠性。

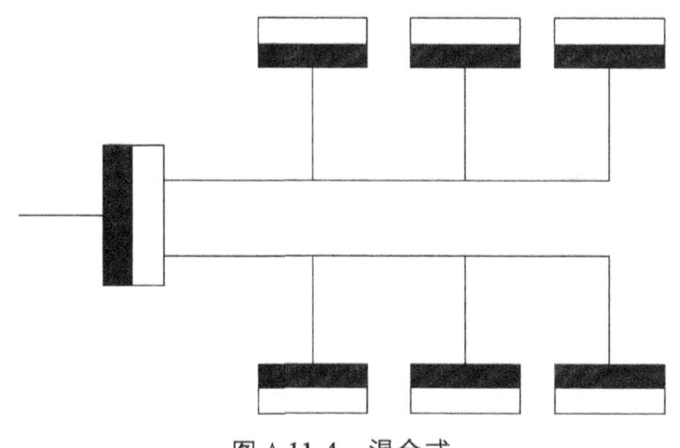

图☆11-4　混合式

四、照明支线

（一）支线供电范围

单相支线长度不超过 30 m，三相支线长度不超过 80 m，每相的电流以不超过 15 A 为宜。每一单相支线所装设的灯具和插座不应超过 20 个。在照明线路中插座的故障率最高，如安装数量较多时，应专设供电，以提高照明线路供电的可靠性。

（二）支线导线截面

室内照明支线的线路较长，转变和分支很多，因此从敷设施工考虑，支线截面积不宜过大，通常应在 1.0 ~ 4.0 mm^2 范围内，最大不应超过 6 mm^2。如单相支线电流大于 15 A 或截面积大于 6 mm^2 时，可采用三相或两条单相支线供电。

（三）频闪效应的限制措施

为限制交流电源的频闪效应（电光源随交流电的频率交变而发生的明暗变化称为交流电的频闪效应），三相支线的灯具可按相序排列，即按如图☆11-5 所示的方法进行弥补，并尽可能使三相负载接近平衡，以保证电压偏移的均衡。

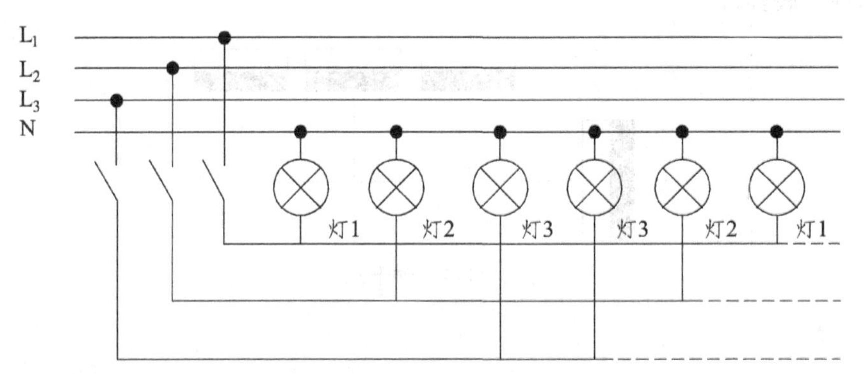

图☆11-5　三相支线灯具最佳排列示意图

一般照明供电线路如图☆11-6 ~ 图☆11-8 所示。

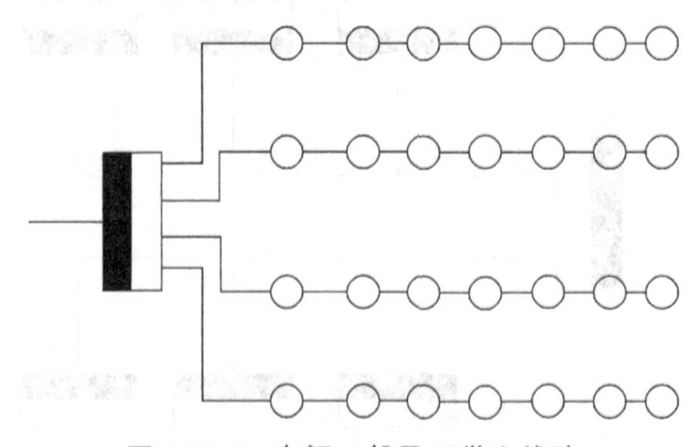

图☆11-6　车间一般照明供电线路

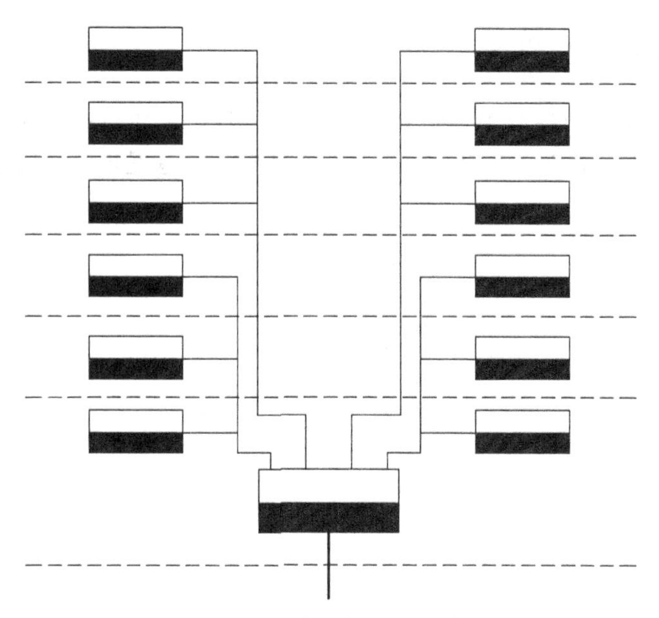

图☆11-7　多层建筑物的照明供电线路

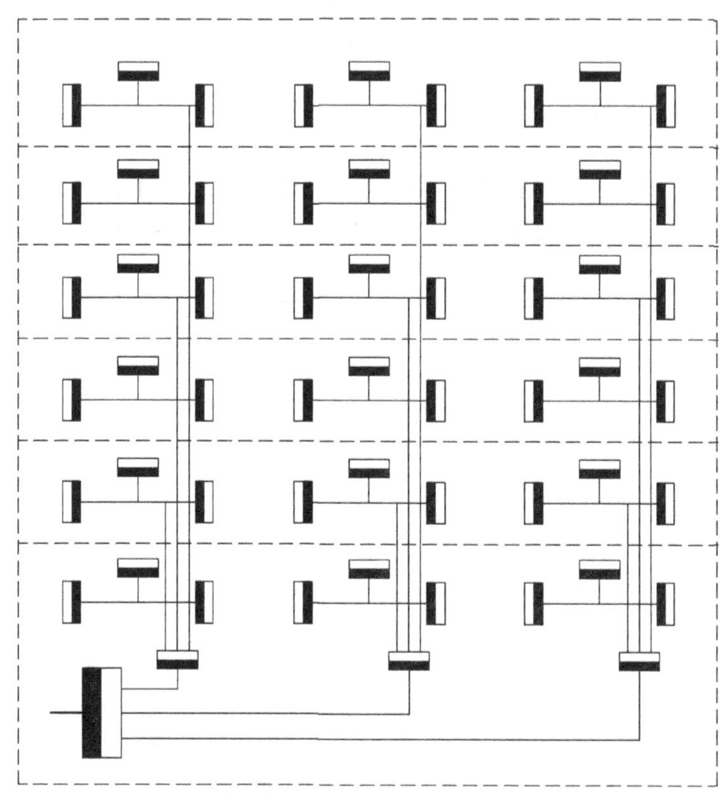

图☆11-8　住宅照明供电线路

六、照明线路的基本控制方式

常用的电气照明基本线路有单控单灯线路、双控单灯线路和三控单灯线路。

（一）一处控制单灯线路

这种线路由一个单开单控开关控制一盏灯（或一组灯），如图☆11-9 所示。接线时应将相线接入开关，零线接入灯头，使开关切断后灯头不带电。这是电气照明中最基本，也是使用最普遍的一种线路。

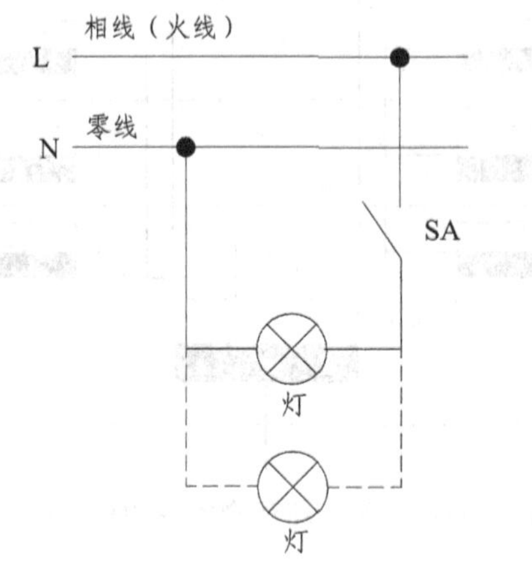

图☆11-9　一处控制单灯线路

（二）二处控制单灯线路

这种线路由两个单开双控开关在两处同时控制一盏灯，如图☆11-10 所示。常用于楼梯或走廊的照明，在楼上、楼下或走廊两端均可独立控制一盏灯。单开双控开关如图☆11-11 所示。

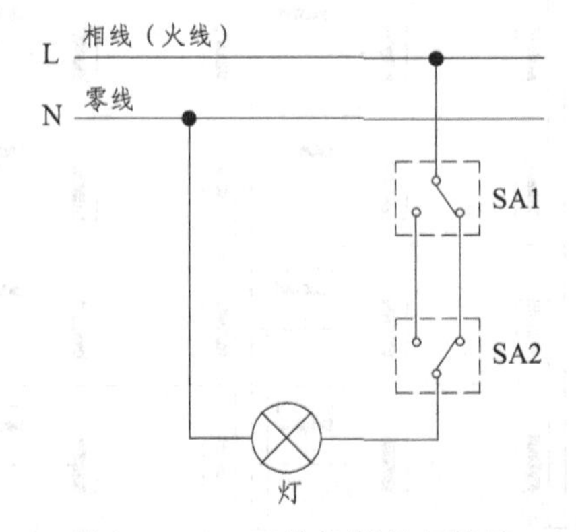

图☆11-10　二处控制单灯线路

图☆11-11　单开双控开关

（三）三处控制单灯线路

这种线路由两个单开双控开关和一个单开双控开关组成，若没有单开双控开关，也可以用双开双控开关来替代，从而实现三处同时控制一盏灯的目的，如图☆11-12 所示。三处控制单灯常用于三跑楼梯和较长的走廊上。单开双控开关，如图☆11-13 所示；双开双控开关，如图☆11-14 所示。

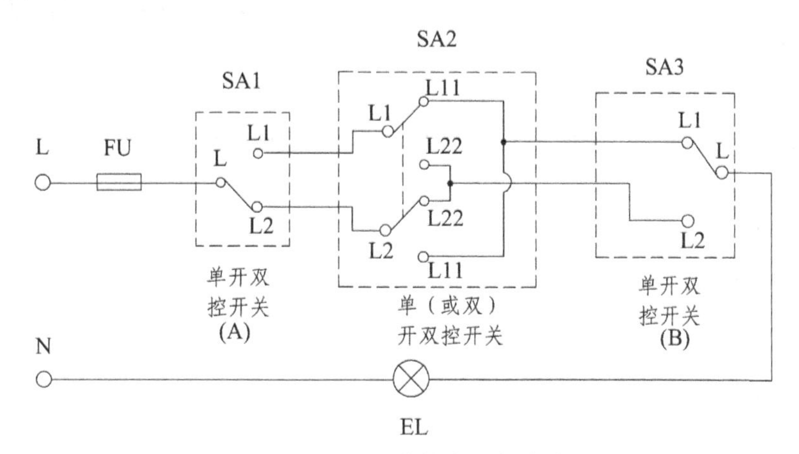

图☆11-12　三处控制单灯线路

图☆11-13　单开双控开关（反面）

图☆11-14　双开双控开关（反面）

☆模块十二　装饰装修照明线路

随着社会经济的发展，人们的住房条件也得到不断改善，买房的人也越来越多，因此，装饰装修也具有了很大的市场。装饰装修是一个复杂的过程，在此，本教材就装饰装修中照明线路的一些问题作一个简单的介绍。

一、装饰装修的一般步骤

（1）量房。

验收房屋后，对装修的面积进行测量，明确主要墙面尺寸。

（2）设计与预算。

根据对风格的要求进行设计和装修费用的预算。

（3）主体改造。

施工阶段第一步是把房屋的框架搭建好，主要包括拆墙、砌墙、铲墙皮、换塑钢窗等。

（4）水电改造。

进行水电线路改造后紧接着就应该把卫生间防水做了，再进行贴砖、墙面刷漆，要注意细节改造的先后顺序。

（5）框架包装。

这个环节由木工、泥工、油漆工先后上场。在泥工墙面与地面进行贴砖时，要把地漏一起安装了，再刷油漆。

（6）厨卫吊顶。

作为安装环节打头阵的应是厨卫吊顶。

（7）橱柜安装。

吊顶结束后，就应当是橱柜安装了。

（8）地板安装。

橱柜安装之后便可以进行地板的安装了。

（9）木门安装。

（10）铺贴壁纸。

（11）安装开关插座。

插座要接3根线，按照“左零、右火、上地”进行连接。一般的插座上都有标志，火线为L，零线为N，地线是一个符号。开关就一端接火线，另外一端接电器或者电灯。

（12）灯具安装。

由此可见，装饰装修是一个较复杂的系统工程。特别是在水电改造安装中一定要按照国家标准进行，以免发生电气事故。

二、开关、插座等电器元件的安装步骤

1. 确定元件安装位置

用户会根据使用要求确定电器元件的安装位置。

2. 准备元件

根据需要安装电器元件的种类和个数，准备相应的电器元件。

3. 挖槽凿孔

根据元件需要安装的位置进行挖槽凿孔。

4. 截取线管

根据安装位置的不同，截取合适长度的PVC线管，并预穿好导线。

5. 预埋线管与暗盒

将 PVC 线管埋入挖好的槽内，并将暗盒一同敷设在已经凿好的孔内固定，如图☆12-1～图☆12-4 所示。

（a）

（b）

图☆12-1 厨房电气改造图例

（a）

（b）

图☆12-2 客厅电气改造图例

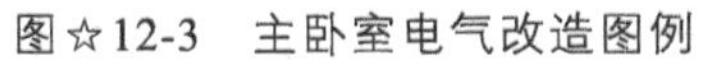

图☆12-3 主卧室电气改造图例

图☆12-4 次卧室电气改造图例

6. 接 线

根据不同的照明控制要求，将需要连接的导线进行规范连接。

7. 检查接线

（1）插座接线的检查。

（2）白炽灯控制线路的检查。

8. 通电试验

三、预埋件的制作与埋设

在装修装饰工程中，电气安装需要做好预埋件的预埋工作。所谓预埋，就是配合土建施工把预埋件设在砖墙或现浇混凝土楼板、梁、柱中。

对于砖墙结构的已建房，可以在砌墙过程中把线管、接线盒、开关盒、灯座盒、插座盒、配电箱等电气设备埋入墙内。来不及预埋或者预埋件遗漏，也可以在墙体粉刷前凿孔、挖槽补埋。

☆模块十三　照明线路的故障检测与竣工验收测试

一、照明线路的检测和故障处理

照明线路的检查应按照图纸从电源开始，包括总配电箱、分配电箱、开关、灯具、单相设备、插座以及线路，应使其符合下列要求。

（一）照明线路的检查、测试

（1）成排安装的灯具、开关、插座，其中心轴线、垂直偏差、距地高度应符合规范和设计要求，且同一场所同类电器的安装标高应一致，明敷设线路应横平竖直、美观整洁，管路进箱（板）应符合规程要求。

（2）暗装开关、插座的盖板、灯具的底座应紧贴墙面，并应用灰膏修补；明装电器的圆木、联板应紧贴墙面；不同电压的插座应有明显的标志，并符合安装规范及设计要求。

（3）检查大型灯具悬吊的闭锁装置及吊扇的防松、防振措施是否符合要求；按安装接线要求抽查白炽灯、荧光灯、插座的接线是否正确紧固，如果发现一处错误或松动则应全部返工检查，抽查数为10%，灯头数较少时应为30%。

（4）检查配电箱（板）的安装和回路编号应符合设计要求，且开关完整有盖。

（5）测量线路的绝缘电阻应符合要求；有接地螺钉的灯具、插销、开关、配电箱等元件应接地或接零可靠，接地电阻应符合要求。

上述检查测试合格后，即可装设灯泡或灯管，设置在高处或不宜更换部位的灯泡或灯管在安装前应先在下面做通电试验，发光正常才能装在灯具上。灯泡必须拧紧，灯管如果手感松动，可在灯脚插孔内放一截细熔丝将其卡紧。启辉器应接触良好。装设灯泡时如果发现灯口内中心舌片较低或与螺口距离太近，可将其稍微撬起一点，以防接触不良，如果松动应将固定螺钉拧紧，以防短路。

（二）送电及试灯

照明线路送电及试灯，虽然其较动力电路容量小，但也要注意四点：① 送电时先合总开关，再合分路开关，最后合支路开关；② 试灯时先试支路负载，再试分路，最后试总回路；③ 使用熔丝作保护的开关，其熔丝应按负载额定电流的 1.1 倍选择；④ 送电前应将总开关、分路开关、支路开关全部断开。

（1）将总开关合上，用万用表测量总开关下桩头及分路开关上桩头的电压，相电压为 220 V，线电压为 380 V，同时观察总电能表是否转动。如果转动，则检查电能表接线是否有误或分路开关是否未断开而使负载没有通过总开关直接接入系统，如果上述都正常则说明电能表不合格。总电能表不动或只有电能表耗电的微小转动才正常。

（2）将第 1 分路开关合上，观察分电能表是否转动，下桩头及支路开关上桩头的电压是否正常。

将第 1 分路的第 1 支路的第 1 只（组）灯的开关闭合，应点亮且发光正常，这时该支路的电能表应正转且很慢，其他表应停转；然后将开关断开，灯应熄灭，电能表停转。将第 1 支路的第 2 只（组）灯的开关闭合，应正常同上。用同样的方法将第 1 支路的所有灯都一一试过，应正常。

试灯过程中如果有短路跳闸或熔丝熔断、灯不亮、发光不正常等可在该灯回路上及时查找，将故障范围缩小，以便处理。将第 1 支路所有灯的开关闭合，应正常，电能表正转很快。

用万用表测试所有插座的电压应与设计相符，220 V 或者 380 V；用验电器测试，左为中性线，右为相线；有单相电动机设备时，闭合其开关，使其运转，用钳形表测试电流应正常（如果电流较小，可将负荷线在钳口上多绕几圈，测得的电流除以圈数即为被测值），风扇的调速开关转换时调速正常。

当第 1 支路所有的负荷都投入运行时，测量回路的总电流。全负荷运行一般不超过 2 h，然后将所有的开关断开。再把第 2 支路、第 3 支路及其他所有支路试完，应正常。第 1 支路试灯时，其他分路的电能表都不转动，或灯不能点燃，否则有混线现象，应立即查出并纠正，这在各分路都计量电能的情况下是不允许的。

（3）用上述方法把第 2 支路、第 3 支路及其他所有支路试完，应正常。

（4）将总开关、各分路开关、支路开关及电器的所有开关都按顺序一一合上，测试总开关的三相电流是否近似平衡，观察电能表运转情况，用示温蜡片或半导体温度计测试开关的主触点有无发热现象。然后将所有开关按相反的顺序一一断开，把所有的接线端子再拧紧一次，如有打火焦糊虚接等异常情况，应查明原因修复。最后再将所有的开关按顺序合上，试运行 8 h，应正常。试运行时安排人员值班，无人房间应上锁。

（三）试灯过程中故障的处理

1. 断路或开路的检查

断路或开路包括相线和中性线断开两种。断路或开路可能是开关或线路断线、接头虚接（如绝缘未剥尽），触点接触不良或未接通等原因造成的。

断路通常采用分段检查的方法，先断开分路开关，再合上总开关。

（1）检查总开关上桩头。可用验电器测试上桩头接线端子，如果氖管发光很亮，则说明进线正常。再用万用表测试相线和中性线之间的电压，应为 220 V。如果氖管发光较暗或不发光，说明进线有虚接、松动现象，检查接点的压接部位的绝缘是否剥掉、是否锈蚀，处理后将接线端子拧紧。若处理后仍然较暗，则可能进线有误，可到上一级开关的下桩头检查。如果上一级开关的下桩头正常，则故障出在进线上。可将线路电源开关断开，验证无电且放电后，将开关下桩头的相线（或中性线）分别与地线相接，用万用表电阻挡（R×100 或 R×1k）测试进线总开关的相线（或中性线）与地线，确认是否断线。断线处理：如果是架空明敷，可在巡视线路后将断开点重新接好；如果是管内敷设，则应将导线抽出，更换新导线。

（2）检查总开关下桩头。检查总开关下桩头是否接触不良、假合、熔体熔断等。然后在箱内、板上检查各分路开关的下桩头是否正常。因为箱内、板上的线路较短，很容易发现故障。如果没有，则说明故障出在由配电箱（板）送出的回路上。

（3）上述的电压测量是在假定中性线不断的情况下进行的，如果验电器氖管发光很亮，用万用表测量相线与中性线间的电压为 0，很可能是中性线断线。为了进一步证实，可在相线与地线间测量电压，有时可从接地极直接引线来测量。

（4）配电箱内正常后，在送出的去路上检查，最好是将各个去路上的开关都关掉，特别是拉线开关，要将盒盖打开确认已经断开。先将距离配电箱最近的一个开关闭合，看其控制的灯是否点亮。如灯亮则说明这只灯到总配电箱这段线正常，往下再试距离这个灯最近的一个开关回路，直至最后一个回路。如果不亮则说明配电箱到这支最近的开关回路或上一个正常测试点到这只开关或灯头有断路故障现象。可将开关的盒盖打开先用验电器测试一下静触点是否有电，如果很亮，则可用万用表测试其对地电压，应为 220 V。如果对中性线电压为 0，则说明这段回路中中性线断线；如果对中性线电压正常，则说明开关虚接、接触不良、灯头虚接或灯头的导线断线等，应一一检查，直至找出原因。

（5）线路正常后，可测量插座的电压是否正常。如果相线和中性线之间电压为 0，可先用验电器测其发光是否正常，则为中性线断线；再用与地线电压来证实，如果验电器不发光，则为相线断线。无论哪种情况，应将盒盖打开，检查接线是否良好以及插座进线始端的接头是否良好。

（6）在支路上检查时，如果不将所有开关都断开，或只将部分断开，而另一部分闭合，这时用验电器测试，相线、中性线都有电且很亮，则说明中性线断线；如果发光较暗，则说明相线虚接；如果不亮，则说明相线断线。但究竟哪段导线故障，还得按（4）中的方法一一检查。

2. 短路故障的检查

短路故障的现象是合闸后熔体立即熔断。短路故障的原因，可能是线路中相线与中性线直接相碰、用电器绝缘不好、相线与地线相碰、接线错误、用电器端子相连等。短路故障的检查，通常是采用分段检查的方法，先将系统中所有的开关断开。

（1）合上总开关，如熔体立即熔断或断路器合上后立即跳闸，则说明总开关下桩头到分路开关上桩头这段导线有短路现象，从这段导线接出的回路有短路现象，总开关下桩头绝缘不良而直接短路，总开关质量不合格。如果正常，可将分路开关一一合上，当合上某一开关，熔体立即熔断或断路器合不上，则说明该分路开关到各个支路开关前有短路现象；如果正常，则说明故障在各个支路的线路里。

（2）把第1分路中第1支路距配电箱最近的1只灯的开关合上，如果分路开关跳闸或熔丝熔断，则说明故障就在这段线路里。可先检查螺口灯口内的中心舌片与螺口内是否接触，是否有短路电弧的痕迹，再检查灯泡灯丝是否短路。用万用表测量灯丝的电阻，然后可将管口处的导线拆开，用兆欧表测量管内导线的绝缘。如无故障点，那么可检查开关接线是否错误而将一中性线一相线接在开关上，检查接线盒内绝缘是否包扎良好，是否碰壳或中性线相线碰触，管、盒内是否潮湿有水等。短路点一般都有短路电弧痕迹；如仍无故障点，则是元件本身的绝缘不良或因为污迹造成的短路。

如分路开关不跳闸或熔丝不熔断，则说明故障不在这段线路里，应往下一只灯的回路检查，直至最后一只。

（3）第1支路无故障，可查找第2支路，并将所有支路一一检查。

（4）用上述方法，第1分路的开关断开，合上第2分路的开关，按支路一一检查，将所有分路检查完毕，直至找出故障点。

二、室内照明线路维修

照明线路在运行中，会因为各种原因而出现故障，如线路老化、电气元件故障（开关、灯座、灯泡、插座）等。

（一）室内照明线路维修的基本操作

室内照明线路维修的基本操作流程如下：了解故障现象→故障现象分析→检修。

1. 了解故障现象

在维修时首先应了解故障现象，这是保证整个维修工作能否顺利进行的前提。了解故障现象可通过询问当事人、观察故障现场等手段获取。

2. 故障现象分析

根据故障现象，利用电气线路图进行分析，确定可能造成故障的大致范围，为检修提供方案。

3. 检 修

通过检测手段，如验电器、万用表等工具检测确定故障点，针对故障元件或线路进行维修或更换。

（二）室内照明线路的常见故障及检修

室内照明线路的常见故障一般表现为照明灯不亮。

1. 故障现象分析

根据电气原理图分析，造成照明灯不亮的原因很多，常见的故障原因如下：

（1）熔断器熔断。

（2）灯具损坏。

（3）开关及线路损坏。

2. 故障检修

（1）检修熔断器。

将电路断电后，打开熔断器外壳，取下熔体，利用数字万用表的通断挡（或者指针式万用表的电阻挡）对熔体进行测量，如果万用表显示为导通状态，表明熔体是良好的；如果万用表显示为截止状态，表明熔体熔断，根据熔体的规格和参数更换新熔体即可。

（2）检修灯具。

检修灯具时，首先通过观察外观，判断灯泡、灯座等是否损坏，可以按照安装的方法，更换损坏的灯具。

如果外观看不出损坏，可以使用万用表检测灯具是否存在短路、断路的故障，例如，灯座内两线头短路，灯座内中心铜片与螺旋铜片圈相碰短路。发现此类故障后，首先使用电工工具进行维修，维修后再使用万用表进行检修，直至故障排除。如果无法修复，则按照安装的方法更换。

（3）检修开关及线路。

检修开关及线路的方法与检修灯具的方法相似，只是线路的检测需要根据电气线路原理图逐段进行。需要强调的是，开关是经常使用器件，易于损坏，因此日常使用时需要遵守使用注意事项，对重点开关和线路还要进行定期排查和维护。

三、室内配线竣工检查与试验

电气照明工程安装完毕后首先需要自查。

（一）竣工检查内容

竣工后要对安装的情况进行一次全面的检查。检查包括如下内容：

（1）工程施工情况是否符合设计要求。

（2）工程安装的电气照明设备是否完好。

（3）施工方法和内容是否符合规范要求。其中包括：配线的连接情况是否良好可靠，配线与其他管路、建筑构件的距离是否符合标准，检查安装的电气照明器具是否安全，等。

（二）管线安装工程质量标准

为了保证线路投入运行后的安全可靠，在线路安装竣工时，必须经过仔细检查，验收合格后，才可通电运行。

各种配线工程的质量标准及相应的检查方法如下：

1. 绝缘导线连接质量标准

（1）导线连接时，导线本身自缠不应小于 5 圈。

（2）铝线之间焊接，端部熔焊连接长度：25 mm（截面积为 4 mm^2 及以下）、40 mm（截面积为 10 mm^2 及以下）、70 mm（截面积为 25 mm^2 及以下）、90 mm（截面积为 50 mm^2 及以下）、120 mm（截面积为 95 mm^2 及以下）。

（3）铜铝导线在干燥的室内可涂锡连接。

（4）铜铝导线在室外和潮湿的室内应采用铜铝过渡接头。

（5）多股导线与设备连接时，应用接线卡子压接。

（6）铜软线与设备或灯具连接时，线头涮锡成整体后再连接。

2. 配线的允许偏差和检验方法

（1）瓷夹板配线电路中心线。水平线路允许偏差 5 mm，垂直线路允许偏差 5 mm，用拉线、吊线、尺量检查。

（2）瓷柱、瓷瓶配线。水平线路允许偏差 10 mm，垂直线路允许偏差 5 mm，用拉线、吊线、尺量检查。

（3）瓷柱、瓷瓶配线间距。水平线路允许偏差 10 mm，垂直线路允许偏差 5 mm，用拉线、吊线、尺量检查。

3. 护套线配线的允许偏差、弯曲半径和检验方法

（1）固定点的间距。允许偏差或弯曲半径为 5 mm，用尺量检查。

（2）水平或垂直敷设的直线段。水平线路允许偏差 5 mm，垂直线路允许偏差 5 mm，用拉线、吊线、尺量检查。

（3）最小弯曲半径。允许偏差或弯曲半径为不小于 $3b$（b 为护套线截面厚度），用尺量检查。

4. 槽板配线的允许偏差和检验方法

水平或垂直敷设的直线段。水平线路允许偏差 5 mm，垂直线路允许偏差 5 mm，用拉线、吊线、尺量检查。

（三）线路的性能测试和通电试验

1. 绝缘性能的测试

在线路通电检查之前，需用兆欧表（摇表）检查电气线路的绝缘电阻。其中包括线对线、线对地（包括线对用电器金属外壳）的绝缘电阻。

测试绝缘电阻时应切断进线电源，所测量的线路上应无人工作；并卸下电路里所有的用电器，合上各分路的分路开关和各用电器的开关（也可保留用电器，打开用电器开关）。然后用兆欧表（摇表）的两根测试棒接触在进线总开关后面的接线桩头上。若接触在两相线接线

桩头上，则量出的是相线与相线间的绝缘电阻；若接触在某相线与中性线接线桩头上，则量出的是相线对中性线间的绝缘电阻；若一测试棒接触在相线接线桩头上，另一测试棒接触在接地体（或与接地体连接的用电器的金属外壳）上，则量出的是相线对地的绝缘电阻。需指出的是在中性线不接地系统中，应测量中性线对地的绝缘电阻。

测试棒与测试接触点要保持良好的接触（包括要擦去接触点锈斑并按紧），否则测出的将是接触电阻和绝缘电阻之和，不能真实地反映线路绝缘电阻的情况。新安装的线路测出绝缘电阻每千伏工作电压不得小于 1 MΩ，低压 380 V、220 V 系统测出的绝缘电阻每千伏应大于 0.5 MΩ（一般来说，新安装线路的绝缘电阻较高，检查时要求较高。随着使用时间的增长，绝缘电阻值会自然下降而无明显的绝缘损伤点）。

若绝缘电阻值低得太多，则应寻找原因，必要时需更换导线或开关、灯头等电气元件。若绝缘电阻值接近于零，则说明有短路情况存在，应仔细查找故障点。此时可逐一将分路开关断开。若某一分路开关断开后，测得的电阻升至规定值，则说明问题出在这一分路中，可对这一分路单独进行检查（若多路故障，可把各分路开关全部断开，再逐一合上分路开关，进行检查）。绝缘电阻达不到标准值的原因很多，如绝缘在安装时擦伤，接头接得不好（如有毛刺等）和绝缘包得不好，开关、用电器因气候季节（空气湿度）、周围环境（墙壁的干、潮）变化受到影响，导线存放时间过长而绝缘老化，或由综合因素所造成。查找影响绝缘电阻的原因不是一件容易的事，所以在安装时就应注意防患于未然。

2. 线路通电检查

线路绝缘性能测试合格后，方可进行通电检查。通电前装好用电器，并打开各用电器开关，合上总开关及分路开关后用验电器检查用电器是否带电。若用电器带电，则说明用电器开关接错（开关不是接在相线而是接在中性线上）或是开关漏电。排除这些情况后就可分别合上用电器开关，检查各用电器的电路是否有故障以及用电器的工作情况。

例如某大楼照明是三相四线进线，总开关后分 12 路，需分路通电检查各用电器是否按图接在规定的回路中。具体方法：（1）合上某一分路开关，其余分路开关打开，按图合上该分路中的用电器开关，核对各用电器线路是否接通。① 若用电器线路接通，则说明该用电器是接在该分路内的；② 若不通，则需检查是否有故障。（2）若非故障所致，则是线路接错，可能接在邻近另一分路里了，可在检查另一分路时再检查。检查某一分路用电器时，也可检查一下邻近分路上的用电器情况。（3）如果合上另一分路用电器开关后，该用电器即可工作，则说明该用电器错接在此分路中了。

一般来说，用电器的分路接错，有可能影响三相供电的平衡。特别是事故照明分路的灯，如果错接在一般用电分路中，则会造成一般用电分路断电故障时，该事故照明灯不起作用，这是不允许的。

参考文献

[1] “人社部”教材办公室. 照明线路安装与检修. 北京：中国劳动社会保障出版社，2012.
[2] 郝晶卉，鹿学俊. 照明线路安装与检修. 北京：高等教育出版社，2015.
[3] 姚永佳. 照明线路安装与检修. 北京：机械工业出版社，2016.
[4] 王臣. 装饰装修电工. 北京：中国劳动社会保障出版社，2009.
[5] 宋庆云. 电力内外线施工. 北京：高等教育出版社，1992.